HOW YOUR HOUSE WORKS

查理·溫 著 —— 柯宗佑 譯

CHARLIE WING

一看就懂
家屋的運作和維護

A VISUAL GUIDE
TO UNDERSTANDING AND
MAINTAINING YOUR HOME

① 家中的管路
PLUMBING

② 家中的電路
WIRING

③ 暖房系統
HEATING

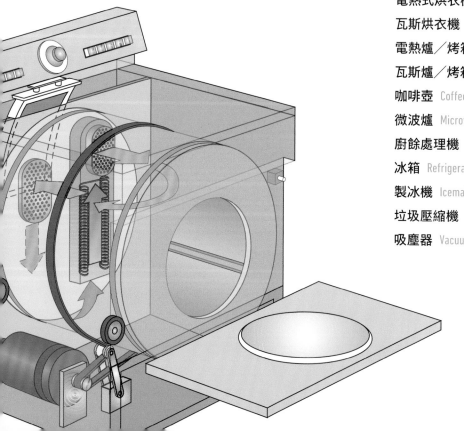

本書簡介 INTRODUCTION

本書就改造、維護、修繕家屋,提供了一套獨到的方式,盡可能呈現出住家內部各種裝置的組成和功能,舉凡管路系統、電路系統、冷暖空調、家電、門窗、住宅地基結構與木結構,都包括在內。

本書的特點在於運用簡單易懂的透視圖,搭配清晰扼要的文字來解說,一字一句都出自美國知名住宅改造專家之手。無論你想排除各種居家疑難雜症、與修理師傅溝通,或打算裝潢、新建、改建住宅,還是想挑選全新固定裝置、家電或材料,本書都能幫助你更迅速地掌握解決之道。

書中插圖呈現了裝置結構及運作原理,幫助你進一步認識冷氣機、熱水鍋爐、地基或水龍頭等裝置。作者分析住家管路系統、電路系統、冷熱空調系統及其他裝置時,不但畫出裝置結構外觀及內部運作方式,更詳細解說各部件如何依序操作,對於任何複雜系統,作者皆能以平易近人的文字及插圖來說明。

全書包含許多「叫修之前,可先這麼做」的提點,教你做一些基本檢查,解決大多數可以立即或花小錢就能處理的問題,不必重金禮聘師傅到府維修。如果發現非得請廠商或師傅到府維修不可,本書也可幫助你了解你有哪些選項,並提醒你哪些零件需要確實安裝或換新。

另外,利用本書介紹的住宅維護技巧及相關內容,也能使家中設施運作更順暢。

本書適用的對象包括屋主、維修師傅及廠商。透過本書淺顯易懂的文字,維修師傅或廠商也能快速掌握自己不熟悉的修繕領域。

如果你想認識各種居家設施的運作原理及修繕方式,提升自己的修繕信心,本書是你的最佳選擇。讀完本書,你的人生或許也會跟著改變。

請注意:本書所提供的資訊,目地在於幫助讀者掌握住家裝置系統、固定裝置及家電等等的基本原理,但不包含專業的建築、工程、修繕評估建議。如有需要,讀者應進一步向專家請求協助。

作者叮嚀

幾十年來，我觀察過許多擁有自己房子的鄰居、朋友和家庭，發現大部分的人都住得很不安。以前的人可能都住在小木屋裡，家裡除了一間廁所、一座壁爐、一個打水用的水桶之外，就沒有別的東西了。但現在，我們的家中全是電路系統、管路系統和家電，要是這些東西壞了，我們該怎麼辦？

房子把我們搞得這麼焦慮，完全是意料之中的事。我們在學校會學數學、外語、電腦，但卻不學壁爐、冰箱、廚房水龍頭的結構原理，這些學校沒教的事，最後卻讓我們付出高昂代價。在美國，大都會區請師傅到府維修水電的費用，起碼要150 美元（約 4,500 台幣）。連最高端的消費者雜誌都認為，與其花大錢叫修，倒不如把這筆錢省下來，每五年將家電汰舊換新一次。

大家不想動手練習居家修繕，到底是為什麼？因為大家覺得這種工作太過專業，沒工具、沒知識的一般人無法勝任。不過，事實正好相反。說到這，我想和你分享一則經典的居家修繕實例。

好幾年前，我在一位朋友家作客，他在大都會區開了一間水電修繕公司，事業有聲有色。這家公司本著「到府維修一天搞定」的承諾，要是當天沒修好，客戶便不必支付維修費。公司憑著這承諾，業績蒸蒸日上，到後來，整間公司一次能出動 75 輛卡車，每輛都配有一名有執照的水電工。客戶只要向公司預約到府維修服務，就得支付至少 150 美元的維修費。

在我造訪期間，他家幾乎全新的洗碗機突然開始發出詭異的嗡嗡聲。朋友心想，機器一發出這種聲音，不久之後就會壞掉，於是他立刻打電話向洗碗機公司的維修部門報修。

隔天，維修部派了師傅來修理機器。師傅身上背了一大堆令人望之生畏的工具，還扛了一本和紐約市電話簿差不多厚的維修手冊。動手修理前，師傅拿出一張工作單，要我朋友在上頭簽字，同意不管機器有何狀況、是否修理成功，都要支付至少 150 美元的修理費。

朋友簽名同意後，就對師傅說：「我的洗碗機很奇怪，一直發出嗡嗡聲，我覺得是馬達軸承壞了。」

師傅從工具包裡掏出一把飛利浦螺絲起子，對準排水蓋上的螺絲轉了幾圈，把蓋子拆了下來。他面帶笑容告訴我朋友：「就是這塊東西在搞鬼。」師傅換了新排水蓋，接著重新啟動洗碗機，嗡嗡聲完全沒了。師傅轉頭對我朋友說：「這邊跟您收 150 塊。」

師傅是怎麼辦到的？他為什麼能立刻發現問題？首先，他很熟悉洗碗機的結構，知道機器有排水口和泵葉輪，能讓水不斷流動。再來，依照維修經驗，超過一半以上的家電「修理」案，只要把鬆掉的零件拴緊、把螺絲或手把調一調、異物清一清，機器就恢復正常了。

你去醫院看病的時候也是這樣。醫生熟悉人體構造，知道各個器官的運作關係，所以多半會建議病人要睡飽、注意保暖、多喝水，而不是動不動就對病人說：「我建議您動一下換心手術。」

只要抓住兩大原則就能動手修理：一是了解東西的結構和運作原理，二是修理方法多半很簡單。基於以上動機，我寫了這本書。在本書的疑難雜症排解專欄（「叫修之前，可先這麼做」）裡，我特意篩選出最簡單的步驟，如果要應付更複雜的修理狀況，你可以：

- 上網下載製造商提供的使用手冊。
- 上 YouTube 搜尋特定部件的維修短片。
- 上網搜尋並購買新零件。

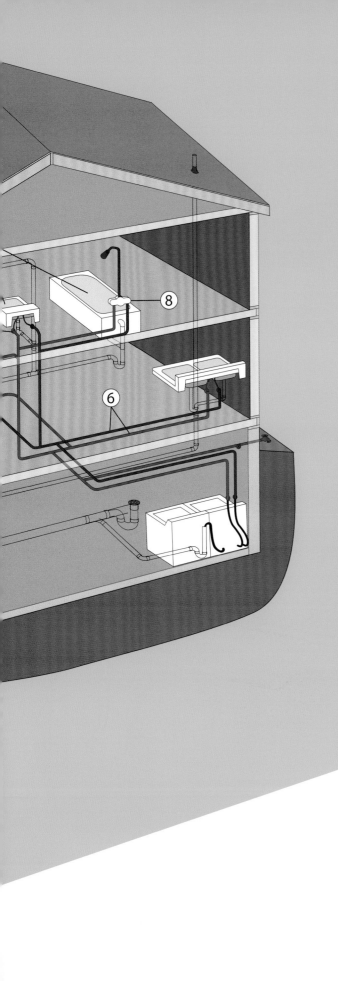

家中的管路

1

PLUMBING

地下室的冷水和熱水管總是纏成一團，你可能跟大部分的屋主一樣，覺得這些管路跟盤子裡的義大利麵沒兩樣。本章會條理分明地告訴你，家中的管路其實分屬三個系統。

只要了解每個管路系統的功能和運作原理，你就會知道哪些問題可以自行處理，哪些問題必須找水電工維修。如果你打算蓋新屋或大整修，參考本章的圖示，就能具體了解裝配管路系統的必要條件，以及適不適合裝在家中。

逛一逛附近的五金賣場，走到管路系統用品區晃一圈，你會發現，自己修理管路一點都不難。在賣場上，你可以找到各種常見的修理套件，有些套件會附上維修步驟圖示。

維修管路沒有什麼危險，只有瓦斯管路除外。裝修工程中，如果會動到現有的瓦斯管路，請直接找有證照的專業師傅。而維修管路雖然危險不大，若出了差錯，還是會弄濕家中用品，導致塗裝或內容物損壞。如果是幾十公升的大量漏水，更要留心漏水的衝力和重量問題。請注意，在動到供水系統之前，務必先關閉離維修點最近的給水栓。如果找不到給水栓，就直接關掉主要供水入戶的水表前止水栓。

供水管路系統 THE SUPPLY SYSTEM

冷水給水管
熱水給水管

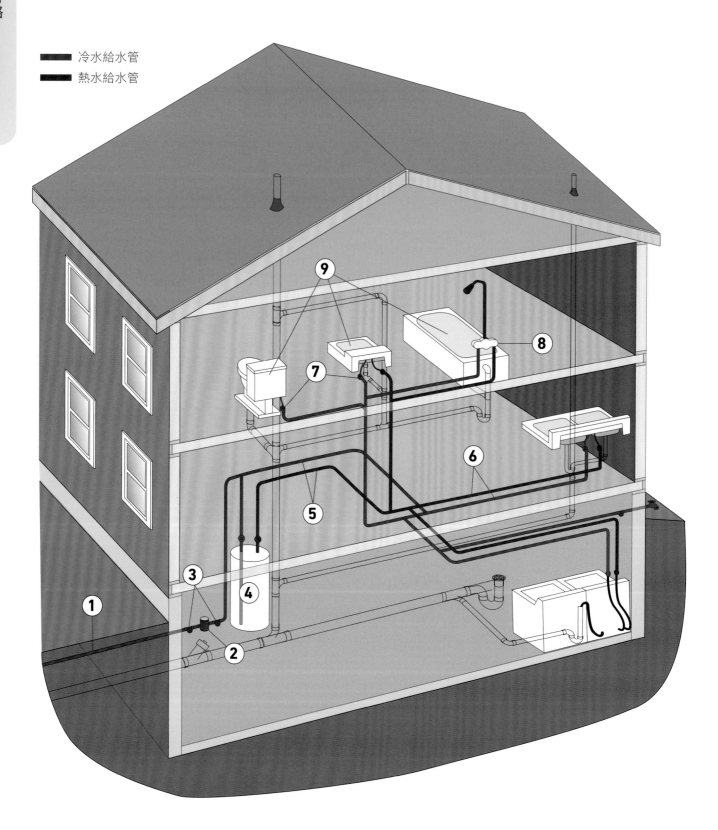

供水管路系統如何運作？

供水管路系統由許多水管組成，能將加壓後的熱水及冷水輸送至家中各處。

① 家用水由街道地底下的配水管，再經由口徑 4 分、6 分、1 吋或 1.5 吋（即 13、20、25、40 公釐）的給水外線輸入住家。美國在 1950 年之前，住宅金屬管的材質通常為鍍鋅金屬；1950 年後，多半改用銅製金屬管。**1** 至於私人供水管路系統，通常會使用聚乙烯管。

② 家庭用水流經水表時，水表會計算並記錄用量，以用來計費。水表的位置可能在房屋內，也可能在房屋與街道之間的水表箱。**2** 打開水表上蓋，就能看見水表上的用量讀數，單位為 1 度 =1,000 公升。

③ 水表旁（前方、後方或前後兩側）有止水栓，關掉會使冷、熱水都停止流入屋內。如果你還不知道止水栓在哪裡，請你現在找找看。等到漏水了才臨時要找止水栓，會浪費很多時間。

④ 熱水器通常設計成大型垂直槽狀，內含絕緣功能，容量約 151-454 公升。冷水管伸入水槽底部，將冷水送入熱水器內，再由電路元件、瓦斯燃燒器或煤油燃燒器將冷水加熱到預設溫度。熱水由熱水器上方送出後，冷水會由底部送入補充熱水。

如果你家使用的是水循環加熱式系統（水加熱後在屋內循環流動，既提供熱水，也可暖房），熱水爐內會有帶熱交換盤管的加熱器，或是如 BoilerMateTM 熱暖系統先在加熱器的熱交換盤管中燒熱水，再輸進獨立水槽加熱水槽中的水。

壁掛的即熱式熱水器是直接以瓦斯或電力加熱內部盤管，冷水通過燒熱的盤管變成熱水。雖然熱水的供應量有限，但可連續出水。

⑤ 與大部分出水裝置相連的供水管（包括冷水管及熱水管）稱為「trunk lines」，直徑通常為 6 分（20 公釐）。與室外水龍頭及其他高出水量出水裝置相連的供水管，管徑也多為 6 分。

⑥ 只與出水裝置相連的供水管稱為「器具給水支管」（branch lines）。這類水管供水量較小，直徑也因此縮小至 4 分，馬桶管路的直徑甚至只有 3 分（9.5 公釐），但與淋浴裝置相連的供水管例外。

⑦ 理論上，每個出水裝置都設有冷水及熱水止水閥。如此一來，在維修某個出水裝置時，就不需要關掉水表前止水栓，將整間屋子的供水切斷。

⑧ 壓力平衡控制閥或控溫閥能防止水突然變冷或變熱，避免燙傷。通常我們在用水時，如果另一個出水裝置也在用水，水會突然變冷會變熱，這經驗大家都有。安裝這些裝置並不貴，可以有效防止燙傷，避免水突然變冷或變熱，導致年長者嚇到滑倒。

⑨ 「出水裝置」是統稱，指任何能供水的固定裝置。

出水裝置的出水量攸關排水管的口徑。在美國，出水裝置單位（FU）之定義為每分鐘出水量（單位：立方吋）。管路規範將浴缸定為 1FU、廚房水槽定為 2FU，馬桶定為 4FU。**3**

---

1 編注：在台灣，無論透天厝或大樓多先輸入水塔，再由水塔配入各路管線。自來水管線材質則多為銅管、石磨鑄鐵管、不鏽鋼管。

2 編注：若使用水塔，水表則裝設在水塔之前。

3 編注：台灣則以公升（每分鐘）計。浴缸規範的出水量為 25-60 公升，廚房水槽為 8-15 公升，水箱式沖水馬桶為 4.8-9.6 公升、沖水閥式馬桶為 80-120 公升。

廢水管路系統 THE WASTE SYSTEM

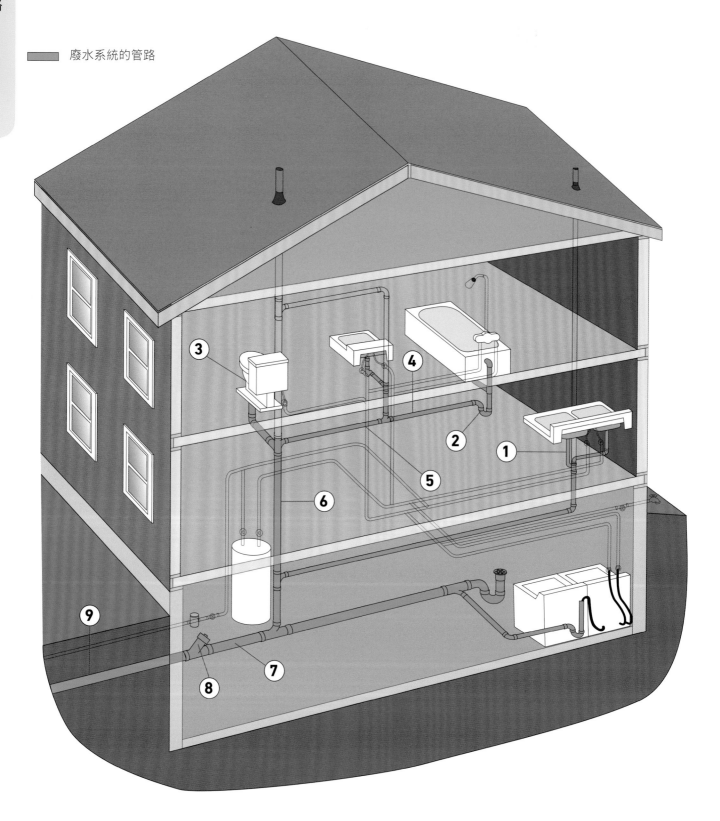

廢水管路如何運作？

廢水管路系統能集中使用過的廢水，將廢水排入公共或私人下水道系統。

①　能將廢水排離出水裝置的元件稱為落水口，其最小直徑由管路規範及出水裝置的出水量決定。

②　每個落水口都要配置存水彎。存水彎能讓廢水通過，但同時會留存一部分的水，用來避免有毒沼氣自下水道湧入屋內。

③　馬桶也有存水彎，但不會外露，而是埋在基座裡頭。

④　在存水彎出水口和第一節灌入室外空氣的落水管之間的橫向管路，稱之為器具排水管（trap arm，又稱存水彎臂）。管路規範有限制器具排水管的長度，以避免存水彎因為虹吸作用而被抽乾。器具排水管長度為水管直徑的函數。

⑤　與排水主管相連的最小口徑分支排水管稱為「支管」，可以和河流做類比。

⑥　口徑最大的垂直立管稱為「排糞管」。排糞管由管路系統最低點向屋頂延伸，一路穿過屋頂，且與其他小口徑橫向支管相連。顧名思義，這條管路專門用來輸送人的排泄物，可能還會與多個出水裝置相連。1 房子的水平方向如果很寬，就會配置至少兩根排糞管。

⑦　口徑最大、位置最低的橫向排水管，稱為排水橫主管。為避免廢水流動太快或太慢，排水橫主管和其他橫向廢水管都特別設計過，其傾斜率至少要有 1/50。在地下室或管線空間 2 內，排水橫主管通常是外露。如果房屋的地基是平面板地基（slab-on-grade foundation），排水橫主管則會埋在地基下方。

⑧　為方便疏通排水管，會另外安裝 Y 形清潔口。在排水管延伸至室外的地方，至少要安裝管徑不小於排水管的清潔口，一旦樹根鑽入室外排水管，清潔口就能派上用場。這時候，就要用到特殊的水管疏通鑽頭伸入清潔口內清除樹根。在美國的廢水管路系統中，橫向水管每多 30 公尺、累積轉彎角度一旦超過 135 度，就要就要多設一個清潔口。3

⑨　屋外的廢水管路稱為基地排水管，在美國，管徑至少為 4 吋（10 公分）。4

1　編注：在台灣，排糞管口徑不得小於下游排水橫管。

2　編注：crawl space，指位於地板和地面之間將房屋架高的矮層，管線多設於此，不但方便維修，也可輕鬆更改浴室廚房位置。

3　編注：台灣排水設備規範中，排水管徑若為4吋內，每15公尺內要設置一個；4吋以上，每30公尺內要設置一個清潔口。立管底端轉向角度大於45度，也要依照排水設備規範設置一個清潔口。

4　編注：台灣排水設備規範中，排水橫主管和基地排水管則須以排水單位及坡度為基準，再依各配管容量來決定其管徑，至少2吋。

通氣管路系統 THE VENT SYSTEM

通氣系統的管路

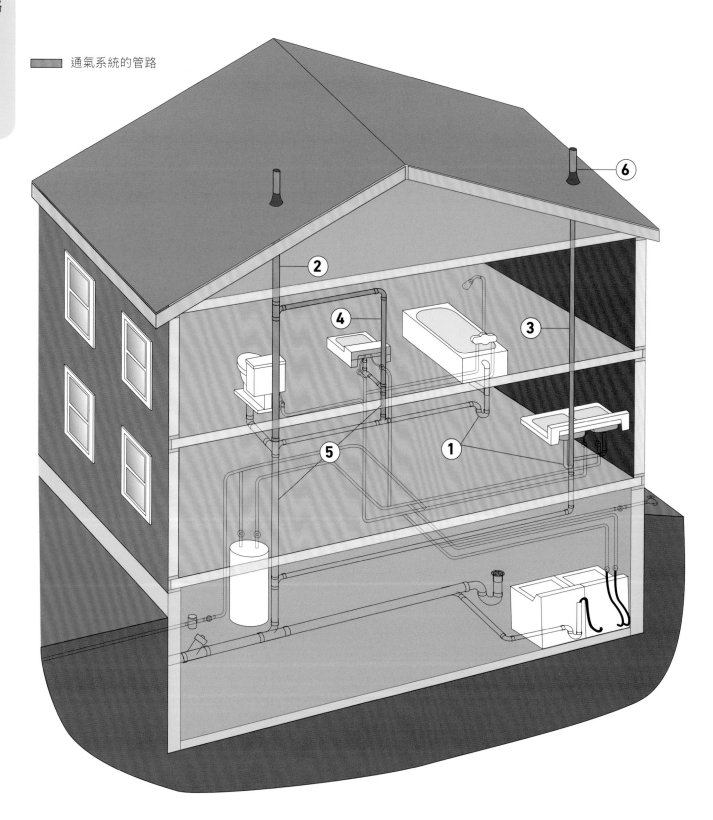

通氣管路系統如何運作？

在第 18 頁「存水彎及通氣口」的介紹中，你會知道出水裝置落水口的壓力必須維持一大氣壓，水才能留在存水彎內不被虹吸作用抽乾，下水道的沼氣也才不會湧入屋內。通氣管路也包含能消除排水系統內部壓力差的水管。

① 所有出水裝置（能供水並使廢水排入廢水管路的裝置）都設有存水彎。為避免排除廢水時產生虹吸作用，必須從存水彎出水口附近的排水管引入空氣。出水口和通氣口的距離則視排水管管徑而定。

② 通氣主管是大口徑、直向立管的一部分。立管自廢水進入處開始，稱為廢水管、污水管或排水管，朝上沒有廢水流經的部分則稱為通氣管。如果廢水管又和一個以上的馬桶相連（一般都是如此），則稱為排糞管。通氣管是空氣直接流入公共下水道管路或自宅化糞池中的通道，因此其中一端必須與大氣相通，而為了讓沼氣遠離住戶生活空間，通氣管的開口通常會開在屋頂。

③ 由存水彎延伸至通氣管的排水管（即器具排水管），最大長度明訂於管路規範中，為排水管管徑的函數。如果排水橫支管的長度很長，存水彎後通常會立刻設置小口徑通氣立管。

④ 因應排水橫支管太長的另一個方案，就是將排水管拆成長度皆符合法規的個別通氣管。為確保個別通氣管不會被水阻塞，個別通氣管和通氣立管相連時，高度至少要比排水管路上最高出水裝置的溢流高度高出 15 公分。若有需要，可在排水橫支管上設置多根個別通氣管。

在無法設置個別通氣管的情況下（如中島水槽），可改設置環狀通氣管。環狀通氣管（或稱氣壓通氣管）不會與通氣立管相連，其功能為利用管內空氣體積洩壓。

如果房屋缺少一般通氣管路，只能改用另一項僅適用於單一出水裝置的方案，即設置自動通氣管。自動通氣管是一種空氣閥，可使室內空氣流入落水口，但能防止沼氣外洩。

⑤ 垂直通氣管的直徑如果夠大，就能同時當廢水管及通氣管。同時具有這兩種功能的通氣管，又稱為濕通氣管。

⑥ 通氣管中的空氣濕度為 100%。在美國北方各州，每年有很長一段時間的平均氣溫低於零度，如果這時通氣管有開口，管路內壁就可能結霜。為避免通氣管被霜堵住，當地法規可能會規定有屋頂開口的通氣管必須加大口徑。此外，為避免積雪覆蓋通氣管，新法規也可能要求通氣管在垂直方向加長，高出現行的最小高度 15 公分。

自宅化糞池系統 PRIVATE SEPTIC SYSTEM

自宅化糞池系統如何運作？

下坡式排水區

① 未經處理的廢水從屋內流入化糞槽。

② 重量較輕的廢水（肥皂、油脂等）會形成浮渣層。

⑤ 乾淨的廢液溢流會流入分配箱中，再由分配箱導入排水區管路。

⑦ 在排水區上方植草，能使部分廢液蒸發進入大氣。

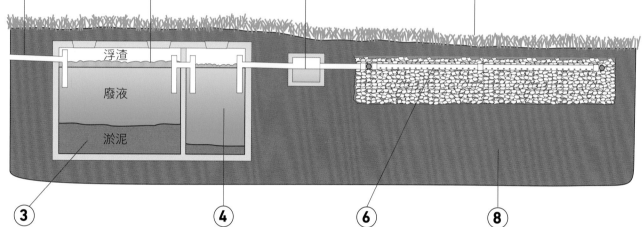

③ 重量較重的廢水會沉入池底，並由細菌分解。未分解的內容物會形成淤泥。

④ 乾淨的廢液會流入第二腔室，等待進一步處理。

⑥ 有孔管路會將廢液均勻排入碟石溝中。

⑧ 剩餘廢液會由土壤過濾並下滲，形成地下水。

上坡式排水區

乾淨廢液自化糞槽流入泵室。

①

如果積存廢液的高度超過預設高度，控制面板會啟動屋內警鈴。

④

③ 地下室水泵將廢液送入位置更高的分配箱及排水區。

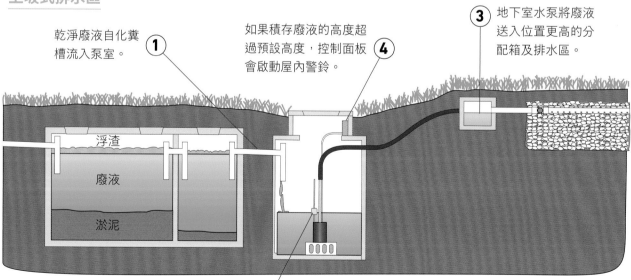

② 當積存廢液達預設高度時，浮控開關會啟動地下室水泵。

讓化糞池正常運作*

化糞槽一旦堆積太多淤泥，固態廢渣就會跟著廢液流入排水區管路，接著堵塞管路和礫石溝，讓排水區無法正常運作。

如果以下情形至少出現一項，就表示化糞池出了問題：

- 屋內排水速度變慢。
- 排水區上方或附近經常積水。
- 廢液滲入地基。

在美國，法律規定化糞池出問題時必須整套換新，只是更新費用非常高。如果不想支付高昂維修費，又想延長化糞池壽命，請確實做到以下注意事項。

你應該：

- 平均分配每一週使用洗衣機的時間。
- 記下化糞槽及分配箱的位置，把資料放在不會遺失的地方。
- 如果你家有四口，每兩年就要請人檢查一次化糞槽。如果只有兩人，請每四年找人檢查一次化糞槽。
- 記錄通水肥的時間。
- 養成省水習慣。
- 廚餘製成堆肥，或是交由清潔隊回收，不要讓廚餘進入化糞系統。
- 根系廣的樹盡量遠離排水區。
- 在排水區上方植草。
- 高山或嚴寒地區，對管路進行防凍處理時，只能使用 RV 抗凍劑。

千萬不要：

- 將地下室水泵內的廢液排入化糞池內。
- 將淨水處理器內的水吸回化糞池內。
- 聽信製造商說詞使用化糞槽添加劑。
- 使用垃圾處理機。
- 在排水區上方開車或停車。
- 在排水區上方種植非草植物。
- 將顏料、指甲油、油脂、油污、廢油或化學藥劑沖入馬桶。
- 將紙巾、衛生棉、棉條、拋棄式尿布、牙線、保險套、貓砂、香菸或殺蟲劑沖入馬桶。

---

* 編注：在台灣，各鄉鎮市普遍都已建置了更為環保的污水下水道系統，並有相關污水處理法規，家戶的廢液污水最後都須排入排水溝或下水道，進入污水處理廠，再處理至符合環保標準後排放。擅自排入地底會污染土壤和地下水源。

拉桿式洗臉盆排水管路 LAVATORY POP-UP DRAIN

拉桿式洗臉盆排水管路如何運作？

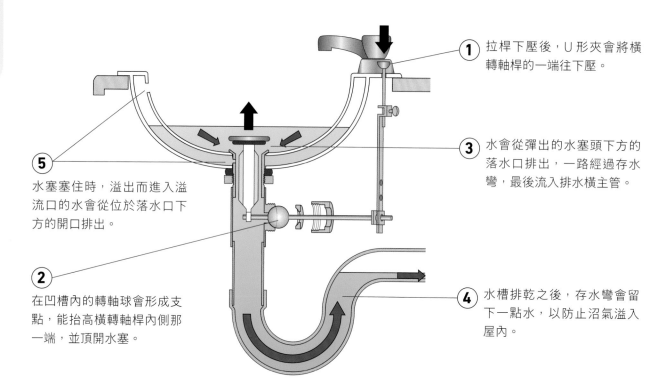

① 拉桿下壓後，U形夾會將橫轉軸桿的一端往下壓。

③ 水會從彈出的水塞頭下方的落水口排出，一路經過存水彎，最後流入排水橫主管。

⑤ 水塞塞住時，溢出而進入溢流口的水會從位於落水口下方的開口排出。

② 在凹槽內的轉軸球會形成支點，能抬高橫轉軸桿內側那一端，並頂開水塞。

④ 水槽排乾之後，存水彎會留下一點水，以防止沼氣溢入屋內。

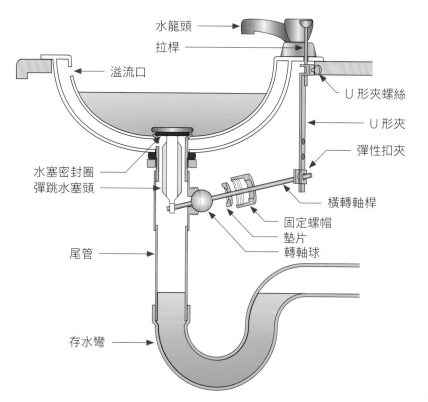

水龍頭
拉桿
溢流口
U形夾螺絲
U形夾
彈性扣夾
水塞密封圈
彈跳水塞頭
橫轉軸桿
固定螺帽
墊片
轉軸球
尾管
存水彎

叫修之前，可先這麼做

鬆開U形夾螺絲，調一下固定拉桿的位置，以調整水塞的高度。或者，你可以將橫轉軸桿旋入U形夾上的另一個洞。

如果水塞開或閉的位置無法固定住，就旋緊固定螺帽，把轉軸球夾緊一些。

如果要汰換水塞頭，或是將螺旋通管器伸入水管中，你可以先鬆開固定螺帽、拉出橫轉軸桿，再取出水塞頭。

如果要汰換整套落水裝置組，可以上五金行或家用五金量販店購買。

水槽排水管 SINK DRAIN

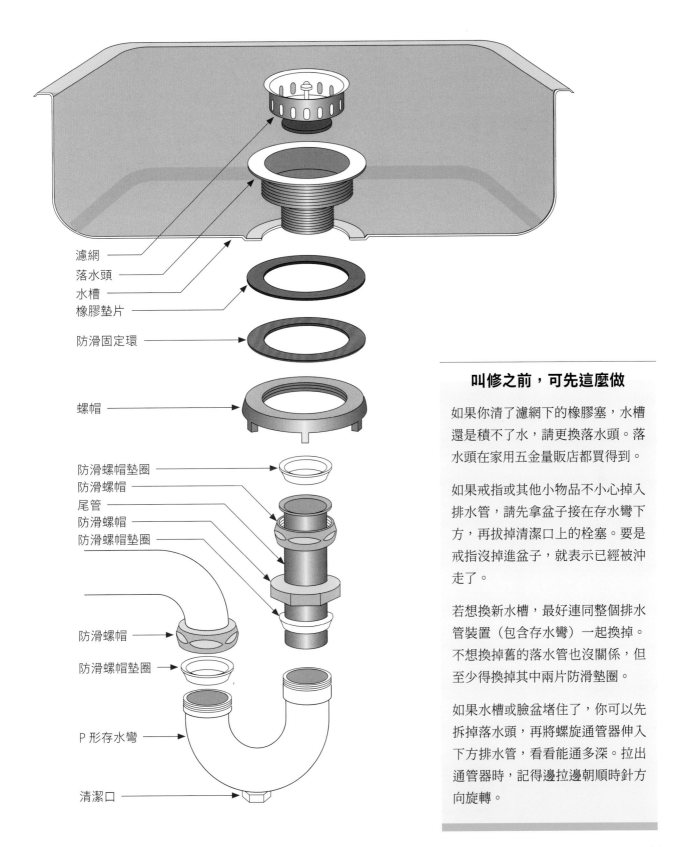

濾網
落水頭
水槽
橡膠墊片

防滑固定環

螺帽

防滑螺帽墊圈
防滑螺帽
尾管
防滑螺帽
防滑螺帽墊圈

防滑螺帽

防滑螺帽墊圈

P 形存水彎

清潔口

叫修之前，可先這麼做

如果你清了濾網下的橡膠塞，水槽還是積不了水，請更換落水頭。落水頭在家用五金量販店都買得到。

如果戒指或其他小物品不小心掉入排水管，請先拿盆子接在存水彎下方，再拔掉清潔口上的栓塞。要是戒指沒掉進盆子，就表示已經被沖走了。

若想換新水槽，最好連同整個排水管裝置（包含存水彎）一起換掉。不想換掉舊的落水管也沒關係，但至少得換掉其中兩片防滑墊圈。

如果水槽或臉盆堵住了，你可以先拆掉落水頭，再將螺旋通管器伸入下方排水管，看看能通多深。拉出通管器時，記得邊拉邊朝順時針方向旋轉。

柱塞式浴缸排水管路 PLUNGER-TYPE TUB DRAIN

柱塞式浴缸排水管路如何運作？

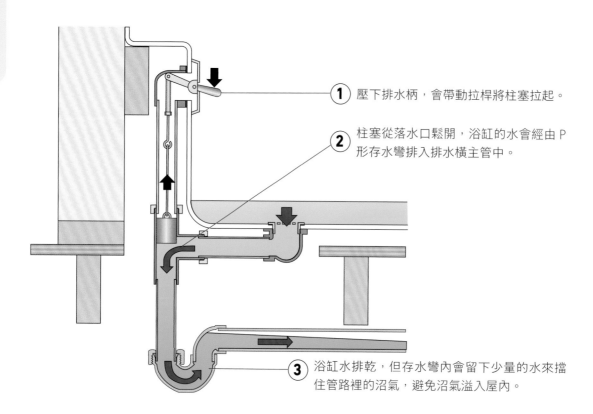

① 壓下排水柄，會帶動拉桿將柱塞拉起。

② 柱塞從落水口鬆開，浴缸的水會經由 P 形存水彎排入排水橫主管中。

③ 浴缸水排乾，但存水彎內會留下少量的水來擋住管路裡的沼氣，避免沼氣溢入屋內。

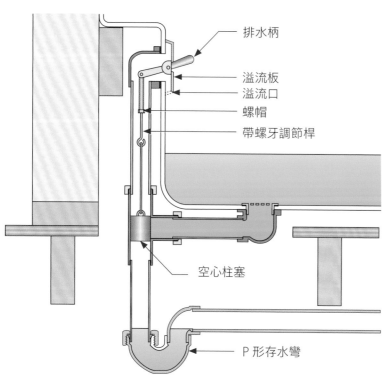

排水柄
溢流板
溢流口
螺帽
帶螺牙調節桿

空心柱塞

P 形存水彎

叫修之前，可先這麼做

排水柄往上扳，如果水持續流入排水孔，表示柱塞的位置可能太高或太低，無法完全堵住出水口。你可以取下溢流板和柱塞，調短或調長調節桿，再裝回去，看看是否還會漏水。如果水反而流得更快，就再調整一次桿長，但要跟剛才的方向相反。

排水柄往下扳，如果水流掉的速度太慢，表示排水管可能堵塞了。你可以拆掉溢流板和柱塞，再用螺旋通管器伸入開口，清掉堵塞物。

拉桿式浴缸排水管路 POP-UP TUB DRAIN

拉桿式浴缸排水管路如何運作？

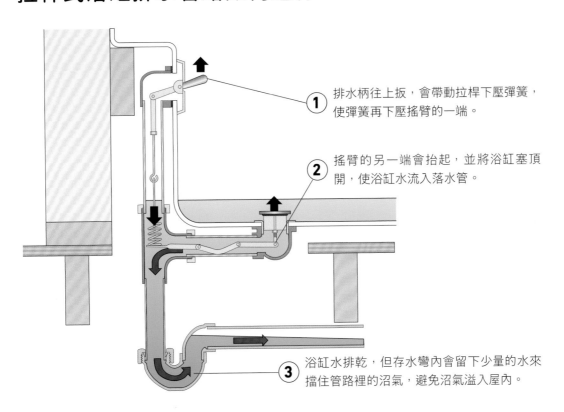

1 排水柄往上扳，會帶動拉桿下壓彈簧，使彈簧再下壓搖臂的一端。

2 搖臂的另一端會抬起，並將浴缸塞頂開，使浴缸水流入落水管。

3 浴缸水排乾，但存水彎內會留下少量的水來擋住管路裡的沼氣，避免沼氣溢入屋內。

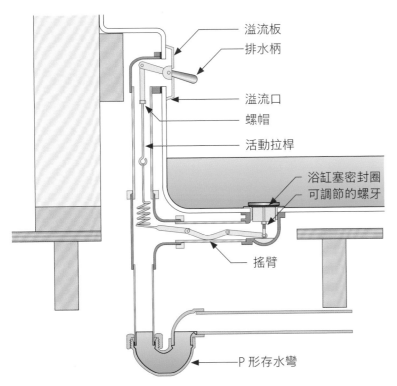

溢流板
排水柄
溢流口
螺帽
活動拉桿
浴缸塞密封圈
可調節的螺牙
搖臂
P 形存水彎

叫修之前，可先這麼做

排水柄往下扳，如果水持續流掉，而水塞看似塞緊了落水口，建議換掉橡皮製的浴缸塞密封圈。

排水柄往上扳，如果水流掉的速度太慢，你可以拆開水塞組件。將水塞逆時鐘轉幾圈，調升水塞高度，並重新拴緊止動螺帽。組回水塞組件，並測試排水狀況。

如果排水還是太慢，表示排水管被異物堵住了。你可以拆掉排水柄和水塞組件，再用螺旋通管器伸入開口，清掉堵塞物。

傳統重力式沖水馬桶 OLDER GRAVITY FLOW TOILET

傳統重力式沖水馬桶如何運作？

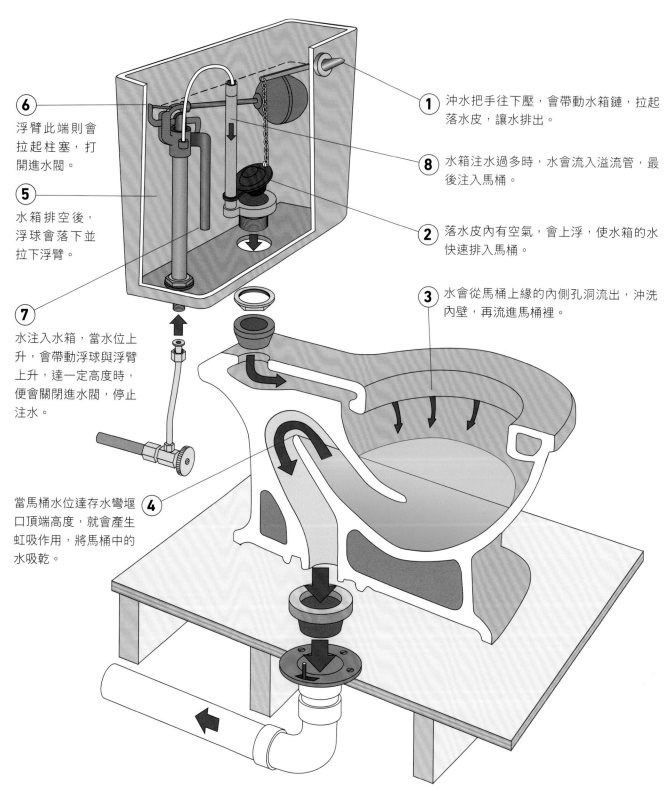

⑥ 浮臂此端則會拉起柱塞，打開進水閥。

⑤ 水箱排空後，浮球會落下並拉下浮臂。

⑦ 水注入水箱，當水位上升，會帶動浮球與浮臂上升，達一定高度時，便會關閉進水閥，停止注水。

① 沖水把手往下壓，會帶動水箱鏈，拉起落水皮，讓水排出。

⑧ 水箱注水過多時，水會流入溢流管，最後注入馬桶。

② 落水皮內有空氣，會上浮，使水箱的水快速排入馬桶。

③ 水會從馬桶上緣的內側孔洞流出，沖洗內壁，再流進馬桶裡。

④ 當馬桶水位達存水彎堰口頂端高度，就會產生虹吸作用，將馬桶中的水吸乾。

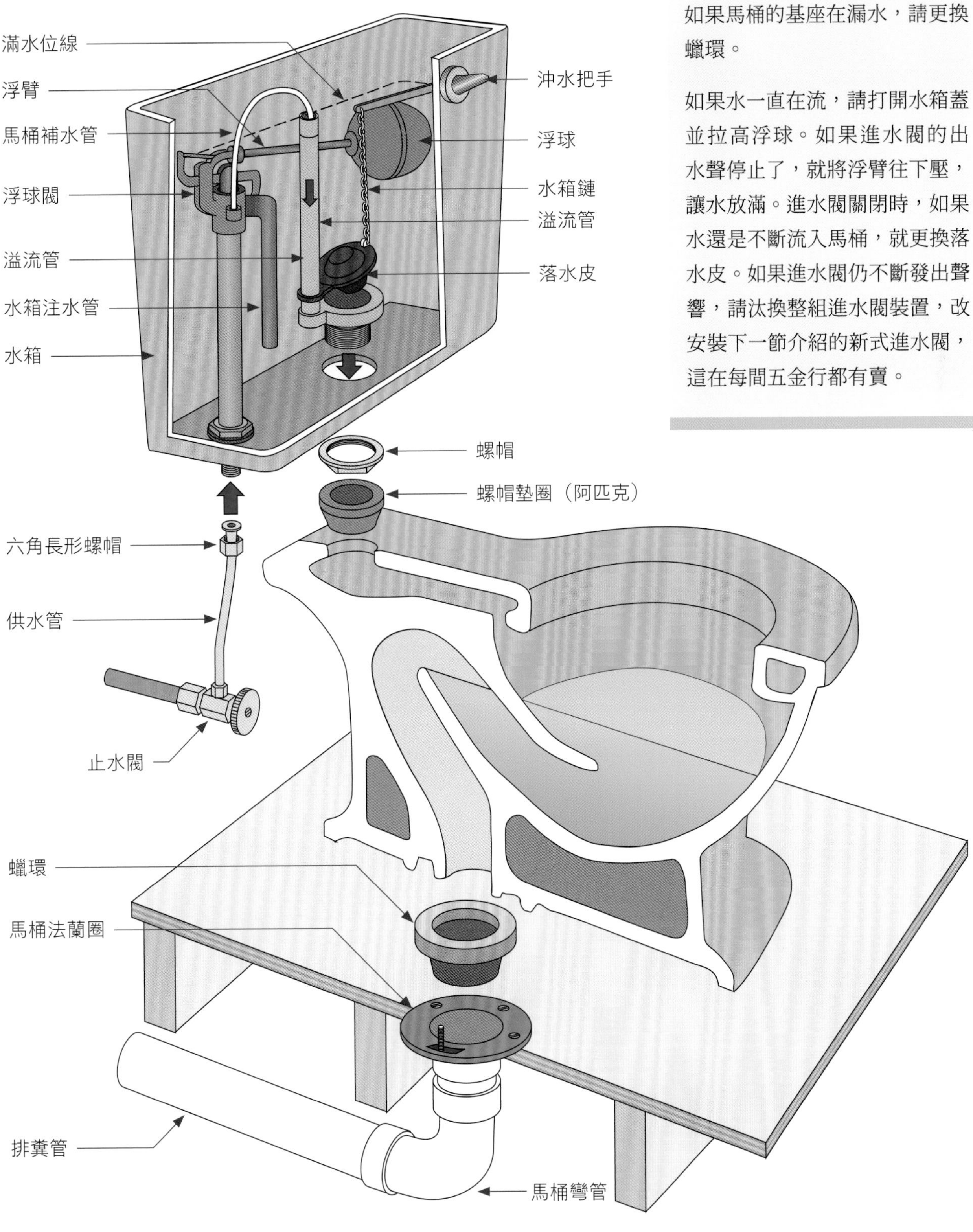

滿水位線

浮臂

馬桶補水管

浮球閥

溢流管

水箱注水管

水箱

沖水把手

浮球

水箱鏈

溢流管

落水皮

螺帽

螺帽墊圈（阿匹克）

六角長形螺帽

供水管

止水閥

蠟環

馬桶法蘭圈

排糞管

馬桶彎管

叫修之前，可先這麼做

如果馬桶的基座在漏水，請更換蠟環。

如果水一直在流，請打開水箱蓋並拉高浮球。如果進水閥的出水聲停止了，就將浮臂往下壓，讓水放滿。進水閥關閉時，如果水還是不斷流入馬桶，就更換落水皮。如果進水閥仍不斷發出聲響，請汰換整組進水閥裝置，改安裝下一節介紹的新式進水閥，這在每間五金行都有賣。

省水式沖水馬桶 WATER-SAVING TOILET

省水式沖水馬桶如何運作？

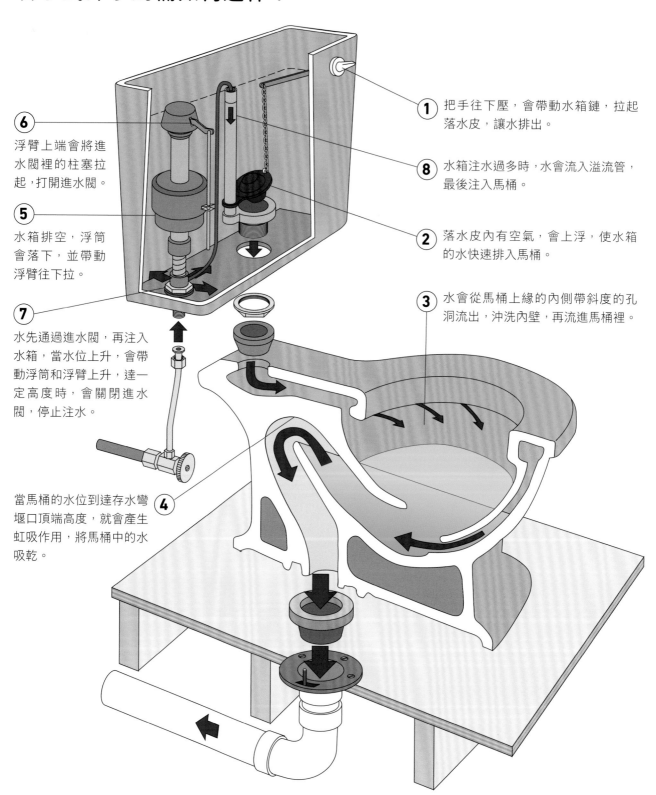

6 浮臂上端會將進水閥裡的柱塞拉起，打開進水閥。

5 水箱排空，浮筒會落下，並帶動浮臂往下拉。

7 水先通過進水閥，再注入水箱，當水位上升，會帶動浮筒和浮臂上升，達一定高度時，會關閉進水閥，停止注水。

當馬桶的水位到達存水彎堰口頂端高度，就會產生虹吸作用，將馬桶中的水吸乾。**4**

1 把手往下壓，會帶動水箱鏈，拉起落水皮，讓水排出。

8 水箱注水過多時，水會流入溢流管，最後注入馬桶。

2 落水皮內有空氣，會上浮，使水箱的水快速排入馬桶。

3 水會從馬桶上緣的內側帶斜度的孔洞流出，沖洗內壁，再流進馬桶裡。

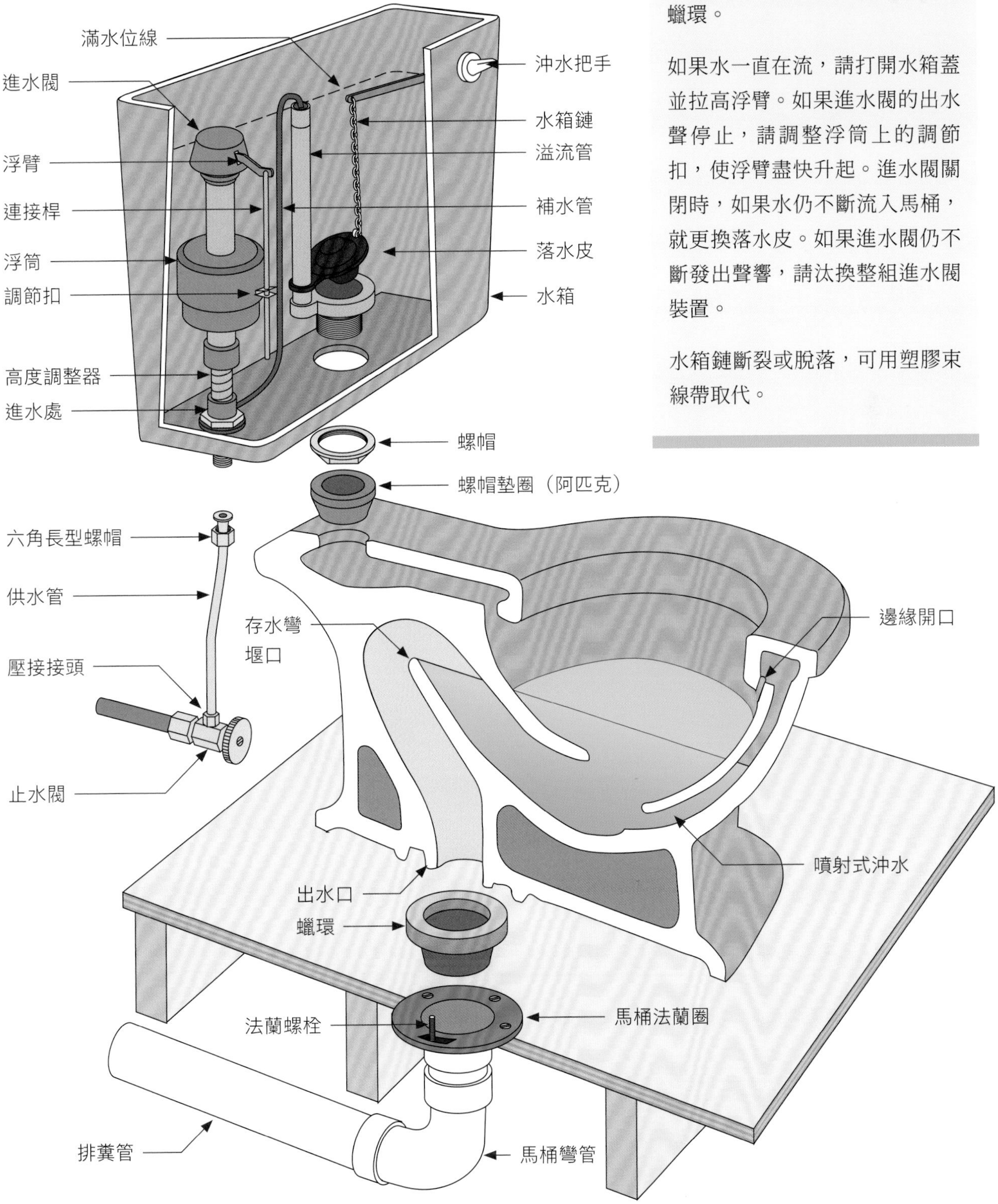

滿水位線
進水閥
浮臂
連接桿
浮筒
調節扣
高度調整器
進水處
沖水把手
水箱鏈
溢流管
補水管
落水皮
水箱
螺帽
螺帽墊圈（阿匹克）
六角長型螺帽
供水管
壓接接頭
止水閥
存水彎
堰口
邊緣開口
噴射式沖水
出水口
蠟環
法蘭螺栓
馬桶法蘭圈
排糞管
馬桶彎管

叫修之前，可先這麼做

如果馬桶的基座在漏水，請更換蠟環。

如果水一直在流，請打開水箱蓋並拉高浮臂。如果進水閥的出水聲停止，請調整浮筒上的調節扣，使浮臂盡快升起。進水閥關閉時，如果水仍不斷流入馬桶，就更換落水皮。如果進水閥仍不斷發出聲響，請汰換整組進水閥裝置。

水箱鏈斷裂或脫落，可用塑膠束線帶取代。

存水彎及通氣口 TRAPS & VENTS

存水彎及通氣口如何運作？

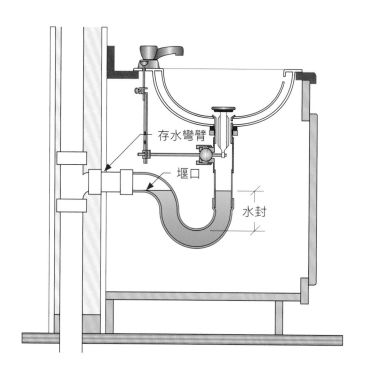

存水彎臂

堰口

水封

P形存水彎

舊房子會使用各式各樣的存水彎（見下頁「已禁用的舊式存水彎」）。經證實，P形存水彎防止虹吸作用的效果最好，因此法規都要求安裝P形存水彎。

P形存水彎之所以最好，原因有二：

- 水封夠高。
- 有橫向存水彎臂，所以能有效防止虹吸作用。除非存水彎臂太長，導致溢流在管路上端產生摩擦，才會引發虹吸作用。

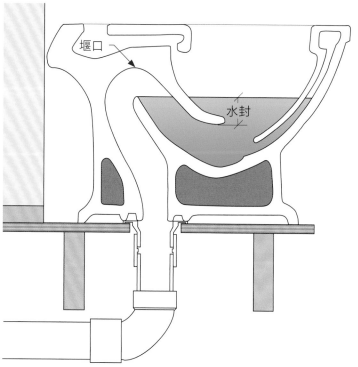

堰口

水封

馬桶存水彎

馬桶基座裡的水箱是S形存水彎，但從外面完全看不出來。

S形存水彎容易引發虹吸作用，讓水封變得不夠高，擋不住沼氣，因此許多地方都禁用S形存水彎。為避免以上問題，馬桶水箱進水時，會將一小部分的水另外導入馬桶中（見第14頁「重力式沖水馬桶」之8）。

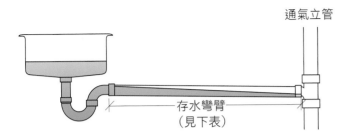

通氣立管

存水彎臂
（見下表）

通氣立管

通氣管

通氣管

存水彎臂
（見下表）

存水彎口徑 (公釐)	斜度 (公釐／每 30 公分)	與通氣管距離 (公分)
31.75	6.35	150
38.1	6.35	180
50.8	6.35	240
76.2	3.25	360
101.6	3.25	480

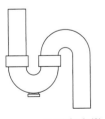

S 形存水彎

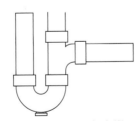

皇冠形通氣管 S 形存水彎

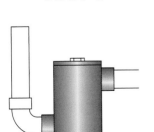

尺寸大於存水彎臂的存水彎
（鼓形存水彎）

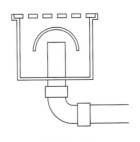

鐘形存水彎

存水彎臂最大長度

摩擦力會讓水流產生溢流，河水如此，馬桶水也是如此。假設存水彎臂（介於出水口與直向管之間的橫段排水管）的水溢流回水管上端，就會發生虹吸作用；換言之，溢流水加上真空狀態會形成一股吸力，吸走存水彎中的水。

管路規範因此針對各種尺寸的管路，分別規定存水彎臂（器具排水管）長度的上限（見左表）。*

---

* 編注：台灣對於存水彎的相關規定同樣依管徑大小另有規定，詳情可網路搜尋「建築物給水排水設備設計技術規範」。

美國已禁用的舊式存水彎*

在美國，如果房子建於 1950 年之前，可以到地下室看看管路的外觀。如果管路系統從來沒換過，地下室應該還會保留左圖中某幾種已經禁用的存水彎。這些存水彎被禁用是因為在少數情況下，存水彎的水封效果會消失。

不過，根據至今仍適用的舊管路規範條文，只有興建新屋或進行大規模管路系統整修時，才需要將舊式存水彎改為 P 形存水彎。

---

* 編注：台灣禁用 S 形和鐘形存水彎。

球閥水龍頭 BALL-TYPE FAUCET

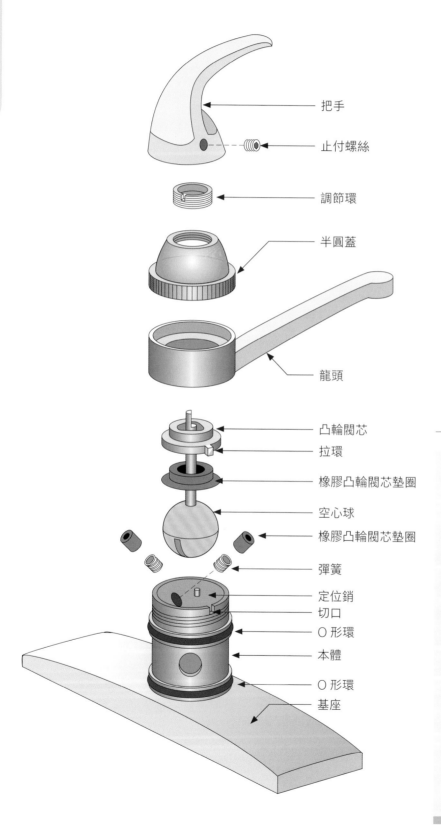

把手

止付螺絲

調節環

半圓蓋

龍頭

凸輪閥芯

拉環

橡膠凸輪閥芯墊圈

空心球

橡膠凸輪閥芯墊圈

彈簧

定位銷

切口

O 形環

本體

O 形環

基座

球閥水龍頭如何運作？

水龍頭本體中有一個半球形的凹洞，其中包含一根固定的定位銷及三個開口，分別為冷水進水口、熱水進水口、冷熱水混合出水口。該空心球（塑膠、黃銅或不鏽鋼製）上有凹槽。扳動水龍頭把手時，球體會跟著上下或左右轉動。

上下扳動把手能開啟或關閉出水口，控制出水量。

左右扳動把手能些微調整進水口的入水量，以控制冷熱水比例及混合後的溫度。

叫修之前，可先這麼做

如果水龍頭把手下方在漏水，請拆掉把手，拴緊半圓蓋中的調節環。

如果龍頭下方在漏水，請拆掉把手、半圓蓋及龍頭，更換本體上的兩個 O 形環，塗點凡士林潤滑，再把所有零件組裝回去。

如果龍頭在滴水，很可能是因為裡頭的進水口止水墊圈舊了。更換墊圈前，請先拆掉把手和半圓蓋、拔掉空心球，接著取下舊墊圈和彈簧（各兩個），換上新零件。如果更換新零件仍無法止漏，請直接換掉空心球，而且最好改用不鏽鋼材質的空心球。

閥芯式水龍頭 CARTRIDGE-TYPE FAUCET

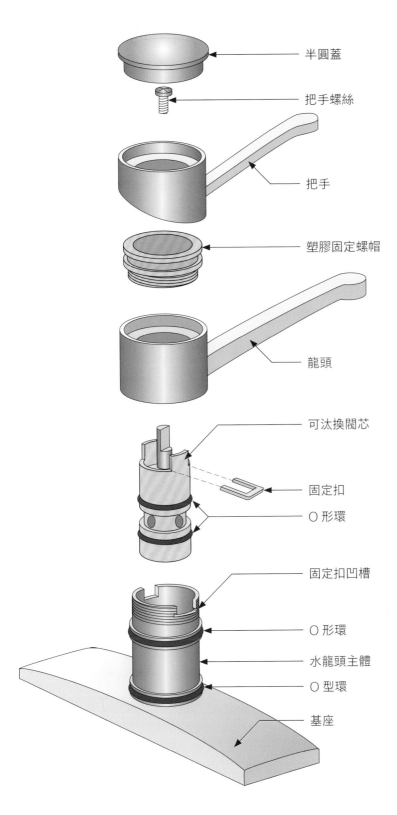

半圓蓋

把手螺絲

把手

塑膠固定螺帽

龍頭

可汰換閥芯

固定扣

O 形環

固定扣凹槽

O 形環

水龍頭主體

O 型環

基座

閥芯式水龍頭如何運作？

閥芯式水龍頭的結構單純，只比壓縮式水龍頭複雜一點，因為整組水龍頭能拆換的零件就只有閥芯。

閥芯的種類五花八門，但運作原理大同小異。基本上，當閥芯上下移動、旋轉時，會改變閥芯及水龍頭本體孔洞的對齊方式，以調控流入龍頭的熱水及冷水水量。

上五金行或家用五金量販店購買新的閥芯時，記得帶舊閥芯到現場比對，這樣才能從幾十種型號中挑到正確的型號。

叫修之前，可先這麼做

如果龍頭不斷滴水，肯定是閥芯出了問題。請拆掉半圓蓋、把手、固定螺帽、固定扣，並拔掉閥芯。整個過程需要施一些扭力才能完成。

換閥芯時，先將閥芯上的 O 形環換掉，而且要確認新環的型號和舊環相同。裝回所有零件之前，請先塗點凡士林潤滑。如果漏水問題還是沒解決，整組閥芯就得換新。

如果漏水點在龍頭下方，請拆掉把手、半圓蓋和龍頭，換掉本體上的兩個大 O 形環，塗點凡士林潤滑，再將所有零件組裝回去。

陶瓷片水龍頭 DISK-TYPE FAUCET

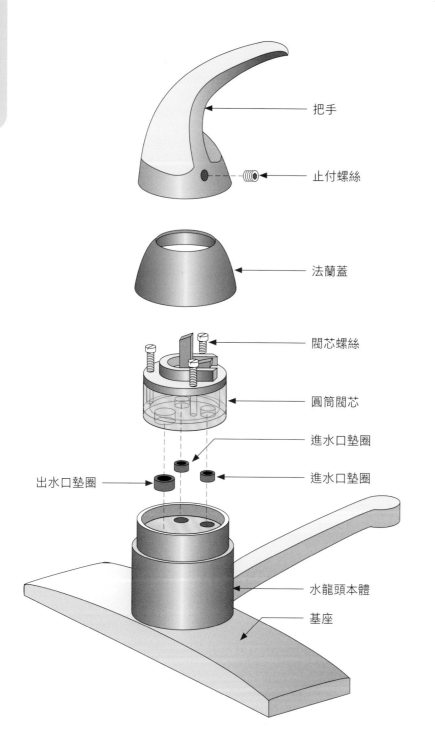

把手

止付螺絲

法蘭蓋

閥芯螺絲

圓筒閥芯

進水口墊圈

出水口墊圈

進水口墊圈

水龍頭本體

基座

陶瓷片水龍頭如何運作？

陶瓷片水龍頭的核心是一個圓筒，內含兩塊經拋光、耐火處理的陶瓷片，每一塊瓷片包含兩個進水口及一個出水口。

下瓷片是固定的，而上陶瓷片則會隨著把手移動而旋轉，來調整冷熱水的進水量。上下扳動把手能開啟或關閉出水口，來控制水量。

這類水龍頭漏水時，問題通常不是出在閥芯內的瓷片，而是閥芯底下的橡膠墊圈或龍頭上的 O 形環壞了。

叫修之前，可先這麼做

如果龍頭不斷滴水，請鬆開止付螺絲並拆掉把手，再拆掉法蘭蓋。旋開並拔掉圓筒閥芯的螺絲，再取下整個圓筒。拿舊圓筒閥芯去家用五金量販店比對，接著更換圓筒底部的三塊橡膠墊圈。裝回所有零件後，請先將把手扳至開啟狀態，再打開供水系統的水栓。

如果漏水點在龍頭下方，請拆掉把手、法蘭蓋、圓筒和龍頭，再更換本體上的兩片大 O 形環。更換完成後，先塗點凡士林潤滑，再裝回所有零件。

壓縮式水龍頭 COMPRESSION-TYPE FAUCET

壓縮式水龍頭如何運作？

壓縮式水龍頭有各自獨立的熱水開關和冷水開關。閥桿裝置最底下有橡膠墊圈，順時鐘旋緊開關時，閥桿會向下旋進閥座內，縮小墊圈和閥座間的空隙。當開關旋得夠緊，墊圈會完全堵住閥座，中斷出水。

冷熱水分別流過兩側墊圈後會相混，再從龍頭流出。

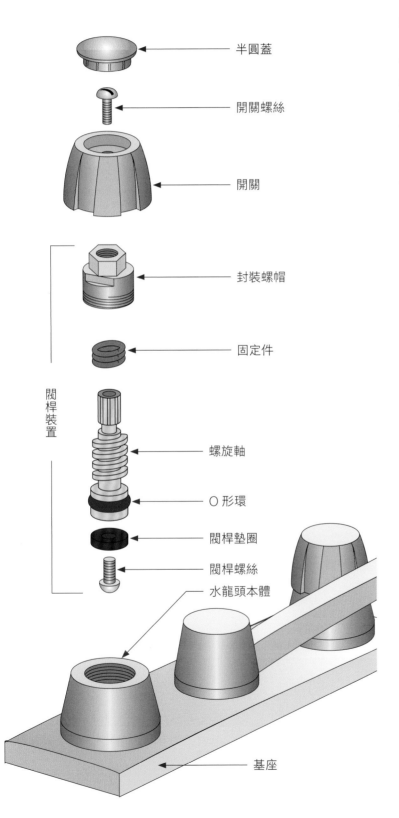

半圓蓋

開關螺絲

開關

封裝螺帽

固定件

閥桿裝置

螺旋軸

○ 形環

閥桿墊圈

閥桿螺絲

水龍頭本體

基座

叫修之前，可先這麼做

如果龍頭不斷滴水，或大力旋緊開關才能止水，表示橡膠墊圈舊了。請拆掉半圓蓋和開關，再拆掉封裝螺帽。從水龍頭本體中取出螺旋軸裝置，再按型號更換新的閥桿墊圈及螺絲，最後裝回所有零件。

如果漏水點在開關下方，請拆掉開關和封裝螺帽，將封裝螺帽內的石墨或鐵氟龍製的固定墊片轉緊，再將螺帽栓回去。轉緊螺帽，轉到水不漏為止，然後換掉舊手轉開關。

調溫閥 TEMPERING VALVE

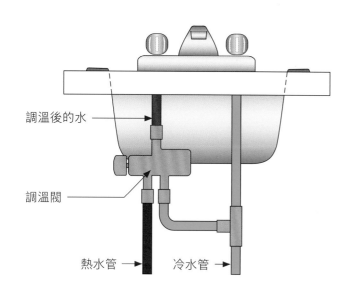

調溫後的水

調溫閥

熱水管 →　← 冷水管

調溫閥如何運作？

調溫閥能使出水溫度固定不變。一般而言,在蓮蓬頭控制閥內、廚房水槽下方、熱水爐無槽加熱盤管後方都會安裝調溫閥。

叫修之前,可先這麼做

如果龍頭送出的水溫低於控制鈕顯示的溫度,表示熱水管供給的水溫可能低於設定值。

這時,請調高熱水來源(熱水器)的設定值。

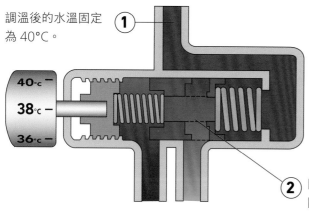

調溫後的水溫固定為 40°C。 **①**

② 同管路中的吸附墊圈會吸入熱水,降低熱水流的壓力與水量,使混合腔室裡的水溫降低。

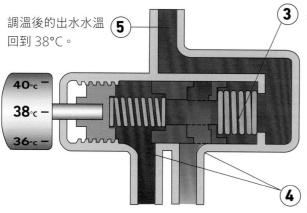

③ 感溫彈簧遇冷時會收縮。

調溫後的出水水溫回到 38°C。 **⑤**

④ 收縮後的彈簧會使滑閥右移,讓熱水區變寬、冷水區變窄。

浴缸 / 蓮蓬頭控制閥 TUB/SHOWER CONTROL

壓縮式

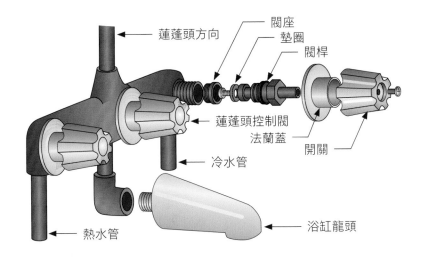

蓮蓬頭方向
閥座
墊圈
閥桿
蓮蓬頭控制閥
法蘭蓋
開關
冷水管
熱水管
浴缸龍頭

瓷片式

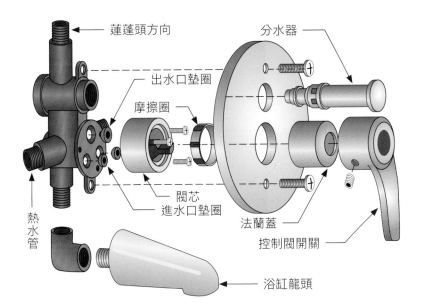

蓮蓬頭方向
分水器
出水口墊圈
摩擦圈
閥芯
進水口墊圈
法蘭蓋
控制閥開關
熱水管
浴缸龍頭

浴缸 / 蓮蓬頭控制閥如何運作？

浴缸 / 蓮蓬頭控制閥和一般水龍頭的結構差不多，唯一差別是前者多了分水閥。

壓縮式控制閥：有獨立的冷水閥和熱水閥，由兩個閥的開啟程度來決定水溫，在出水前再混合冷水和熱水。

瓷片式控制閥：內含能滑動及旋轉的瓷片，可調節冷熱水進水口的開口大小（溫度），以及出水口的開口大小（出水量）。

分水閥再將出水水流導入浴缸龍頭或蓮蓬頭。

叫修之前，可先這麼做

如果你家的浴缸 / 蓮蓬頭有 2-3 個出水開關，控制閥就是壓縮式。相關維修方式，請參考第 23 頁壓縮式水龍頭。

如果你家的浴缸 / 蓮蓬頭只有一個出水開關，代表控制閥是瓷片式。相關維修方式，請參見第 22 頁陶瓷片水龍頭。

室外水龍頭 HOSE BIBBS

室外水龍頭如何運作？

防結凍水龍頭

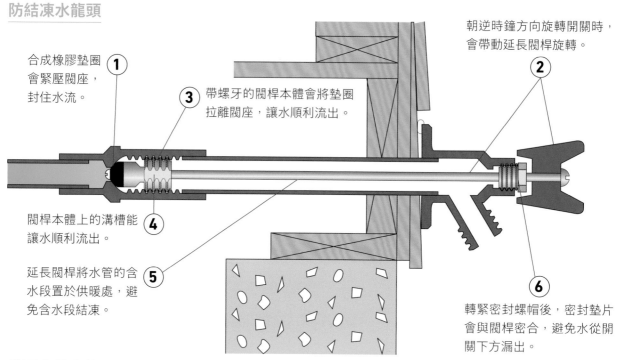

合成橡膠墊圈
會緊壓閥座，
封住水流。 **①**

③ 帶螺牙的閥桿本體會將墊圈
拉離閥座，讓水順利流出。

朝逆時鐘方向旋轉開關時，
會帶動延長閥桿旋轉。 **②**

閥桿本體上的溝槽能
讓水順利流出。 **④**

延長閥桿將水管的含
水段置於供暖處，避
免含水段結凍。 **⑤**

⑥
轉緊密封螺帽後，密封墊片
會與閥桿密合，避免水從開
關下方漏出。

普通室外水龍頭

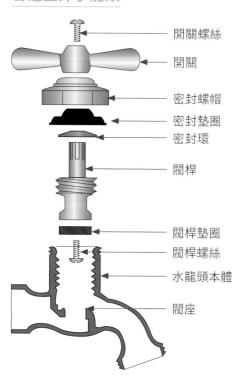

開關螺絲

開關

密封螺帽

密封墊圈

密封環

閥桿

閥桿墊圈

閥桿螺絲

水龍頭本體

閥座

叫修之前，可先這麼做

開關關緊（朝順時針方向旋轉）之後，如
果水龍頭仍不斷滴水，請更換墊圈。

水龍頭開啟時，如果開關下方會滴水，請
轉緊開關下方的密封螺帽（朝順時針方向
旋轉）。如果怎麼轉都止不住水，請拆掉
開關和密封螺帽，並更換密封墊片。

手壓泵 PITCHER (HAND) PUMP

手壓泵如何運作？

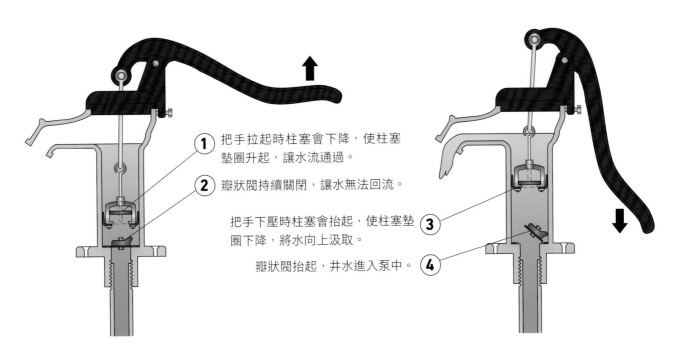

① 把手拉起時柱塞會下降，使柱塞墊圈升起，讓水流通過。

② 瓣狀閥持續關閉，讓水無法回流。

把手下壓時柱塞會抬起，使柱塞墊圈下降，將水向上汲取。 ③

瓣狀閥抬起，井水進入泵中。 ④

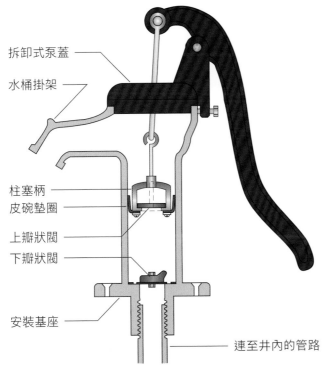

拆卸式泵蓋

水桶掛架

柱塞柄

皮碗墊圈

上瓣狀閥

下瓣狀閥

安裝基座

連至井內的管路

叫修之前，可先這麼做

皮製柱塞及瓣狀閥若太久未使用，很容易乾掉。打水時如果水上不來，請先朝水泵開口倒入水，以啟動水泵。當皮製柱塞沾水濕潤後，柱塞及瓣狀閥就發揮作用。

倒水數次後，如果水泵仍無法作用，或不到一小時未使用水泵就必須再灌水，請更換內部的皮製墊片。

安裝水泵前，可先將皮製墊片浸在礦物油中，墊片比較不容易變乾。

噴射泵 JET PUMP

噴射泵如何運作？

噴射泵能從井中汲水，原理是應用了伯努利定律的文丘里效應。根據伯努利定律，流體蘊含的能量是固定的，當流體速度變快，動能隨之增加，壓力（位能）勢必隨之減小。

噴射泵中的水經加壓後，會被推出噴嘴並加速。由噴嘴射出的噴流會形成低壓區，將四周的水吸入進水口。

水從文氏管流出後，會進入旋轉葉輪，葉輪會使壓力及流量增加。經過葉輪的水一部分會被排出泵外，另一部分會被加壓推入噴嘴，並重複上述循環。

文丘里效應

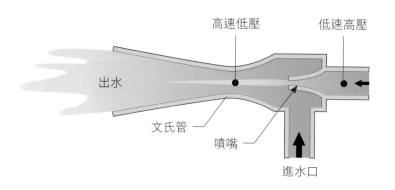

高速低壓　低速高壓

出水

文氏管

噴嘴

進水口

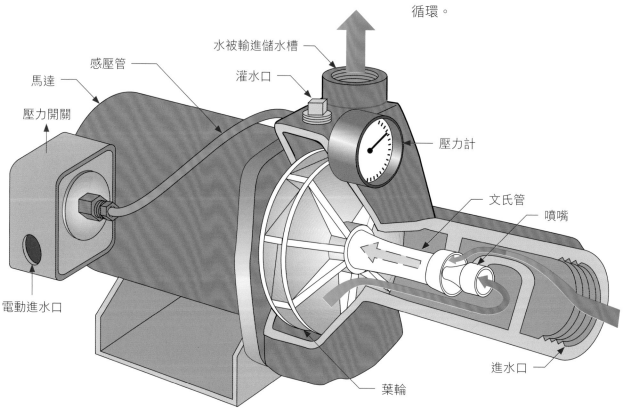

感壓管

馬達

壓力開關

電動進水口

水被輸進儲水槽

灌水口

壓力計

文氏管

噴嘴

進水口

葉輪

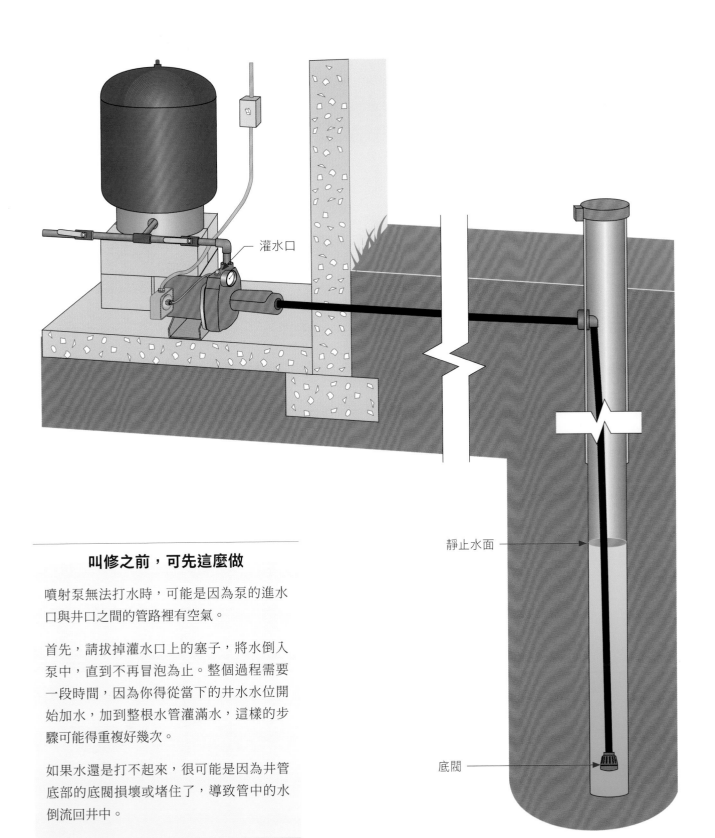

灌水口

靜止水面

底閥

叫修之前，可先這麼做

噴射泵無法打水時，可能是因為泵的進水口與井口之間的管路裡有空氣。

首先，請拔掉灌水口上的塞子，將水倒入泵中，直到不再冒泡為止。整個過程需要一段時間，因為你得從當下的井水水位開始加水，加到整根水管灌滿水，這樣的步驟可能得重複好幾次。

如果水還是打不起來，很可能是因為井管底部的底閥損壞或堵住了，導致管中的水倒流回井中。

沉水泵 SUBMERSIBLE PUMP

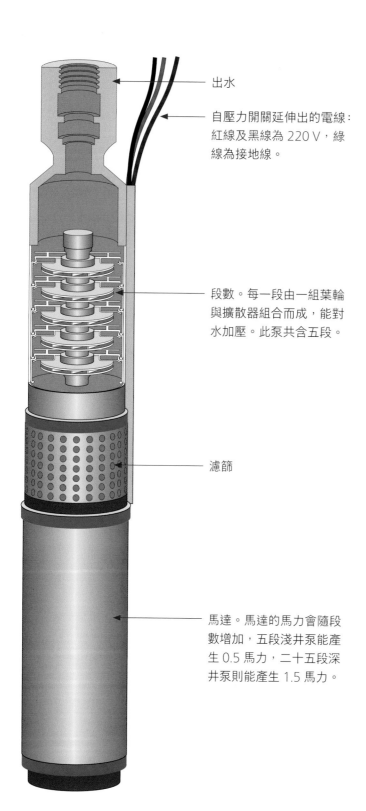

出水

自壓力開關延伸出的電線：
紅線及黑線為 220 V，綠
線為接地線。

段數。每一段由一組葉輪
與擴散器組合而成，能對
水加壓。此泵共含五段。

濾篩

馬達。馬達的馬力會隨段
數增加，五段淺井泵能產
生 0.5 馬力，二十五段深
井泵則能產生 1.5 馬力。

沉水泵如何運作？

沉水泵特別適合汲取深井，過程乾淨
俐落。住家專用的直徑 4 吋泵，能一
路沉到 6 吋井的底部。沉水泵不會停
在地面高度向上吸水，而是將水由下
往上推，最深能汲取 300 公尺水。泵
體完全浸在水中，因此不需要加水啟
動，也沒什麼過熱問題。

水會從濾篩進入泵體，濾篩會濾出可
能損壞泵的粗顆粒物質。

水進入泵體後，會先流入第一段。每
一段都由一組離心葉輪及擴散器組成。
葉輪會產生約 1.03 巴的向上壓力，而
擴散器會使水停止轉動。每一段由同
一組馬達與軸帶動，分別能施加 1.03
巴的壓力。因此，五段泵能產生 5.15
巴的總壓，而二十段泵則能產生 20.6
巴的總壓。

若是探淺井，沉水泵上端會懸在 1 吋
的聚乙烯管上，聚乙烯管再接到井口
附近的接頭。若探入深井，沉水泵上
端會加纜線懸吊，以免拉扯破壞各個
管線。

接頭由兩塊零件組合而成，當井底裝
置需要維修或更換時，可便於拆卸井
底裝置。

壓力槽旁的壓力開關會向泵供電，讓
槽壓維持在 1.38-3.45 巴之間。

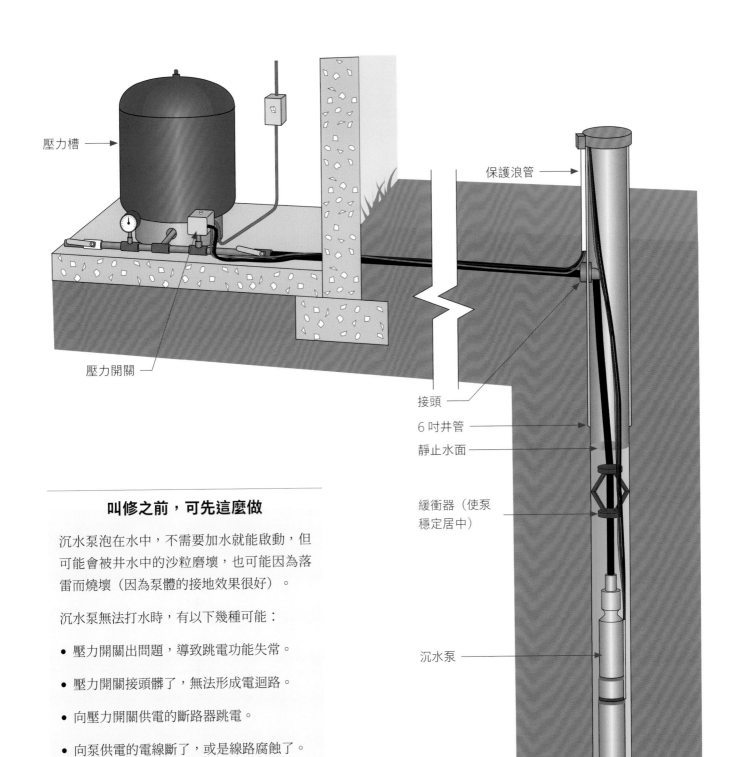

壓力槽

壓力開關

保護浪管

接頭

6 吋井管

靜止水面

緩衝器（使泵
穩定居中）

沉水泵

叫修之前，可先這麼做

沉水泵泡在水中，不需要加水就能啟動，但
可能會被井水中的沙粒磨壞，也可能因為落
雷而燒壞（因為泵體的接地效果很好）。

沉水泵無法打水時，有以下幾種可能：

- 壓力開關出問題，導致跳電功能失常。

- 壓力開關接頭髒了，無法形成電迴路。

- 向壓力開關供電的斷路器跳電。

- 向泵供電的電線斷了，或是線路腐蝕了。

- 井乾掉了。

- （最頭痛的情況）泵燒壞了。

地下室水泵 SUMP PUMP

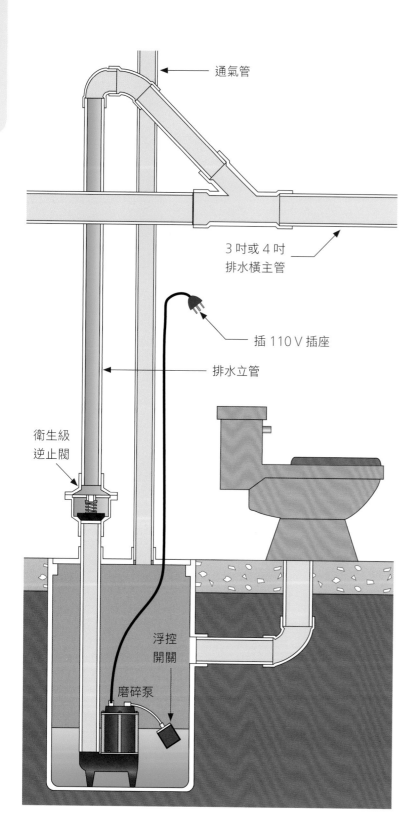

通氣管

3吋或4吋
排水橫主管

插110V插座

排水立管

衛生級
逆止閥

浮控
開關

磨碎泵

地下室水泵
如何運作？

排水橫主管的出口通常比地下室高，但地下室安裝新馬桶之後，排水橫主管出口反而又太高。這時候，安裝地下室水泵可解決高度差問題。

馬桶會將廢水排入塑膠集水坑，坑內設有地下室水泵。含有液體及固體的廢水升高後，浮控開關會啟動磨碎泵，將廢水中的固體磨碎，再將廢水往上送，經由排水立管流入排水橫主管中。

排水立管會形成迴路，再搭配衛生級逆止閥，就能避免排水橫主管中的廢水被吸回集水坑。

叫修之前，可先這麼判斷

地下室水泵如果無法運作，有以下三種可能：

- 磨碎泵突然停止運轉，使電路中的電流變高，而導致斷路器跳電。

- 沖進馬桶的物體太硬，磨碎泵無法磨碎，最後被該物體卡住。

- 泵的馬達或浮控開關燒掉了，必須更換。

壓力水槽 PRESSURE TANK

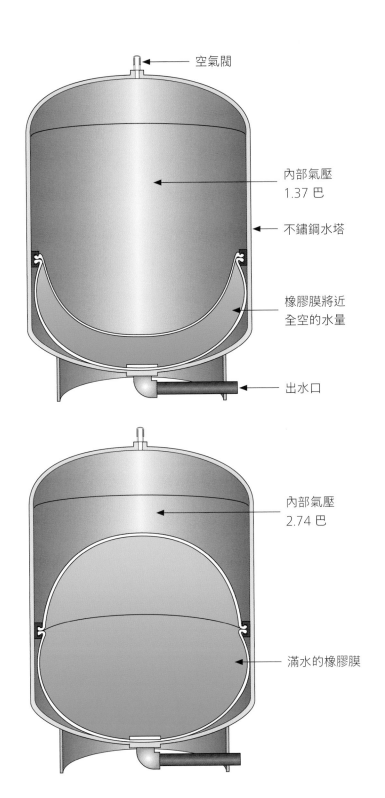

空氣閥

內部氣壓
1.37 巴

不鏽鋼水塔

橡膠膜將近
全空的水量

出水口

內部氣壓
2.74 巴

滿水的橡膠膜

壓力水槽如何運作？

美國的自宅供水系統會使用加壓的儲水槽儲水，如此一來，就不必為了取用少許水就啟動水泵抽水。

舊式水槽的設計較單純：水從水槽底部注入，將空氣帶入水槽內並壓縮，增加內壓。但舊水槽的問題在於，一段時間後水會吸收空氣，縮小水槽內的空氣壓力。最後，由於壓力不足，使水泵每隔幾秒就會運轉一次，加快損耗速度。

新式水槽是將水儲存在聚氯乙烯膜或合成橡膠膜中，隔開水槽中的空氣，水就不會吸入空氣。水槽可透過頂端的自動空氣閥加壓。將水槽加壓到 1.37 巴，再調整壓力開關，並將泵壓設定在 1.37-2.74 巴，之後水泵每打一次水，可以讓水槽最多加到接近半滿。

叫修之前，可先這麼做

水槽的水快要用光之前，如果水泵啟動了，請關閉水泵、放乾水槽，並用自行車打氣筒將水槽加壓至 1.37 巴。

如果水泵每隔幾秒就運轉一次，可能是因為水槽內膜壞了，導致空氣被吸進水裡，也有可能因為是舊式水槽。無論何種情形，都建議你更換水槽。

儲水式電熱水器 ELECTRIC WATER HEATER

儲水式電熱水器如何運作？

熱水由儲水槽頂部流出。 **6**

冷水由伸長到底部的導流管進入熱水器注水。 **1**

上溫控器緊貼熱水器，能啟動上加熱元件，使水變熱。 **2**

洩壓閥能防止儲水槽的壓力過高。 **7**

可替換的犧牲陽極鋅塊 * 可以避免槽內鏽蝕，延長器具壽命。 **9**

儲水槽上端的水如果太燙，高溫過載保護開關（紅色按鈕）會斷開，停止加熱。 **5**

儲水槽上端水溫達設定值時，上溫控器會關閉，並啟動下溫控器。 **3**

下溫控器會向下加熱元件通電，直到元件溫度達設定值為止。 **4**

接上軟性塑膠水管能將水排出槽外。 **8**

叫修之前，可先這麼做

如果突然沒熱水，請按上溫控器的紅色重新啟動鈕。10 分鐘後還是沒熱水，請檢查熱水器斷路器面板中的兩組斷路器是否正常運作。

如果斷路器是接通狀態，而且你手上有電表，你可以檢測看看上加熱元件的輸入端是否有電壓。如果電壓為零，表示溫控器故障，必須更換。如果有電壓，表示加熱元件故障，必須更換。

如果有熱水，水溫卻比平常低，請檢查下溫控器和下加熱元件。

溫控器和加熱元件在家用五金量販店都買得到。自己換零件並不難，只要照包裝上的指示操作就好。動手之前，請務必確定斷路器已經關閉。

* 編注：利用鋅塊的活性陽極離子與水反應而犧牲，保護鋼鐵材質的水槽不和水反應而鏽蝕。

儲水式瓦斯熱水器 GAS WATER HEATER

儲水式瓦斯熱水器如何運作？

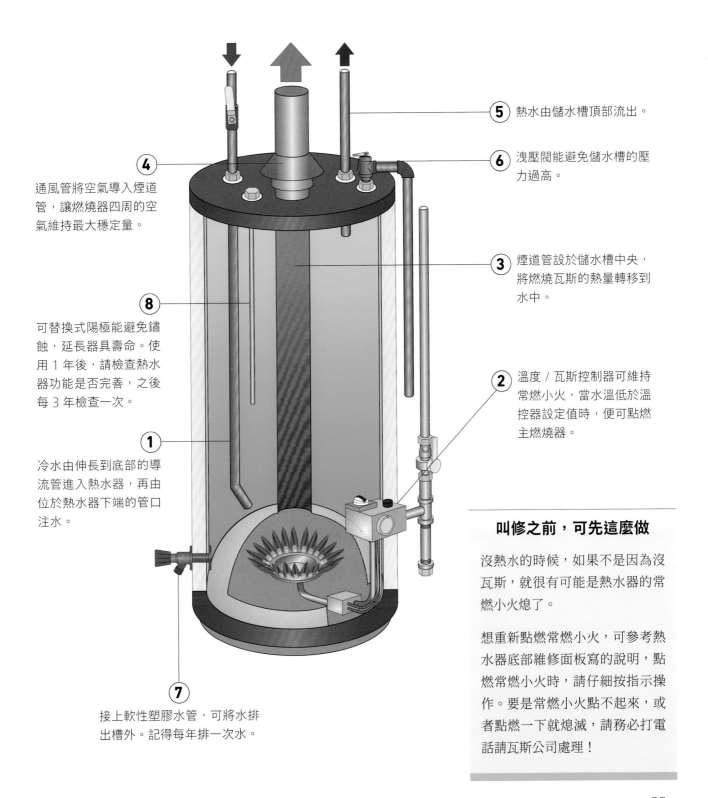

5 熱水由儲水槽頂部流出。

6 洩壓閥能避免儲水槽的壓力過高。

4 通風管將空氣導入煙道管，讓燃燒器四周的空氣維持最大穩定量。

3 煙道管設於儲水槽中央，將燃燒瓦斯的熱量轉移到水中。

8 可替換式陽極能避免鏽蝕，延長器具壽命。使用1年後，請檢查熱水器功能是否完善，之後每3年檢查一次。

2 溫度／瓦斯控制器可維持常燃小火，當水溫低於溫控器設定值時，便可點燃主燃燒器。

1 冷水由伸長到底部的導流管進入熱水器，再由位於熱水器下端的管口注水。

7 接上軟性塑膠水管，可將水排出槽外。記得每年排一次水。

叫修之前，可先這麼做

沒熱水的時候，如果不是因為沒瓦斯，就很有可能是熱水器的常燃小火熄了。

想重新點燃常燃小火，可參考熱水器底部維修面板寫的說明，點燃常燃小火時，請仔細按指示操作。要是常燃小火點不起來，或者點燃一下就熄滅，請務必打電話請瓦斯公司處理！

即熱式電熱水器 ELECTRIC TANKLESS HEATER

即熱式電熱水器如何運作？

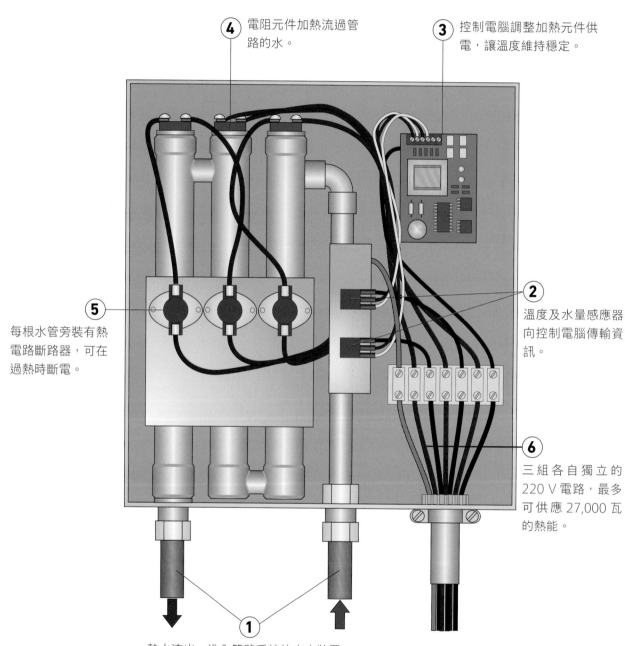

4 電阻元件加熱流過管路的水。

3 控制電腦調整加熱元件供電，讓溫度維持穩定。

5 每根水管旁裝有熱電路斷路器，可在過熱時斷電。

2 溫度及水量感應器向控制電腦傳輸資訊。

6 三組各自獨立的 220 V 電路，最多可供應 27,000 瓦的熱能。

1 熱水流出，進入管路系統的出水裝置，冷水流入，補充熱水器流出的熱水。

即熱式瓦斯熱水器 GAS TANKLESS HEATER

即熱式瓦斯熱水器如何運作？

儲水式熱水器有 10-20% 的能源花費在待機損失上，也就是一天 24 小時儲存熱水所流失的熱能。相對而言，這兩節介紹的熱水器優點就在於不需要儲存熱水，因此也沒有待機損失。

不過，這兩種熱水器在單位時間下能供應的熱水有限。請詳閱製造商說明書，根據個人需求來選擇。

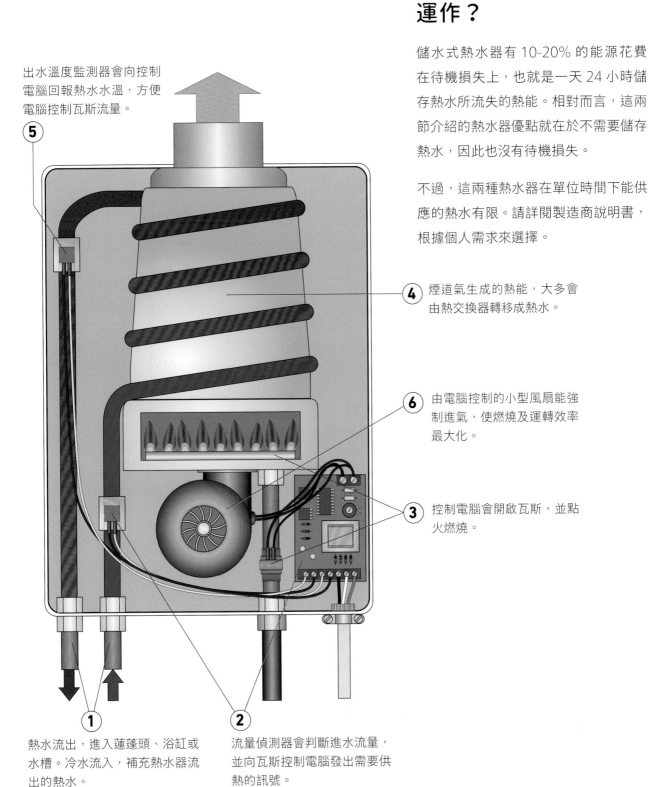

出水溫度監測器會向控制電腦回報熱水水溫，方便電腦控制瓦斯流量。

5

4 煙道氣生成的熱能，大多會由熱交換器轉移成熱水。

6 由電腦控制的小型風扇能強制進氣，使燃燒及運轉效率最大化。

3 控制電腦會開啟瓦斯，並點火燃燒。

1 熱水流出，進入蓮蓬頭、浴缸或水槽。冷水流入，補充熱水器流出的熱水。

2 流量偵測器會判斷進水流量，並向瓦斯控制電腦發出需要供熱的訊號。

BoilerMate 熱暖系統 BOILERMATE™ WATER HEATER

BoilerMate 熱暖系統如何運作？

非供暖季時，如果熱水爐是用即熱式盤管來加熱，效率其實不高。一來熱水爐絕熱效果有限，二來整條排氣的煙道管也會損失熱能，大部分的熱都在這兩處浪費掉了。

相反地，BoilerMate ™熱暖系統的儲水槽一天只會啟動幾次熱水爐，而且獨立儲水槽也有絕熱外殼，因此能有效降低熱損失。

5 區域控制器會啟動 BoilerMate ™循環泵。

7 熱水經過集熱器，自 BoilerMate ™儲水槽頂端排出。

2 BoilerMate ™溫控器向區域控制器發出供熱訊號。

3 熱水爐的煤油或瓦斯燃燒器收到區域控制器發出的供熱訊號。

4 熱水爐溫度達下限值時，水溫自動調節器會向區域控制器發出訊號。

6 熱水流過熱交換器，加熱冷水。

1 冷水自從冷水管流入儲水槽中。

活性碳濾芯 CHARCOAL CARTRIDGE FILTER

活性碳濾芯如何運作？

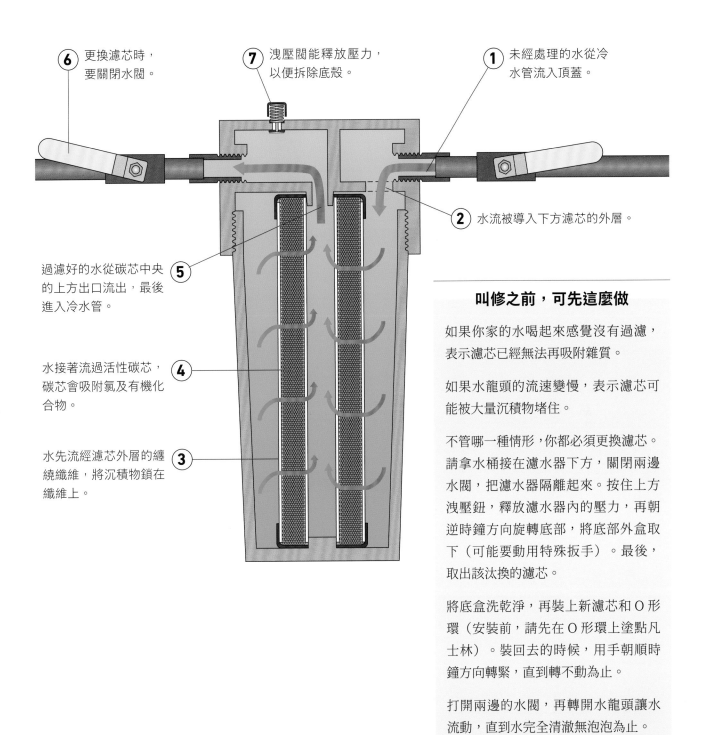

6 更換濾芯時，要關閉水閥。

7 洩壓閥能釋放壓力，以便拆除底殼。

1 未經處理的水從冷水管流入頂蓋。

2 水流被導入下方濾芯的外層。

5 過濾好的水從碳芯中央的上方出口流出，最後進入冷水管。

4 水接著流過活性碳芯，碳芯會吸附氯及有機化合物。

3 水先流經濾芯外層的纏繞纖維，將沉積物鎖在纖維上。

叫修之前，可先這麼做

如果你家的水喝起來感覺沒有過濾，表示濾芯已經無法再吸附雜質。

如果水龍頭的流速變慢，表示濾芯可能被大量沉積物堵住。

不管哪一種情形，你都必須更換濾芯。請拿水桶接在濾水器下方，關閉兩邊水閥，把濾水器隔離起來。按住上方洩壓鈕，釋放濾水器內的壓力，再朝逆時鐘方向旋轉底部，將底部外盒取下（可能要動用特殊扳手）。最後，取出該汰換的濾芯。

將底盒洗乾淨，再裝上新濾芯和 O 形環（安裝前，請先在 O 形環上塗點凡士林）。裝回去的時候，用手朝順時鐘方向轉緊，直到轉不動為止。

打開兩邊的水閥，再轉開水龍頭讓水流動，直到水完全清澈無泡泡為止。

濾槽 TANK FILTER

濾槽如何運作？

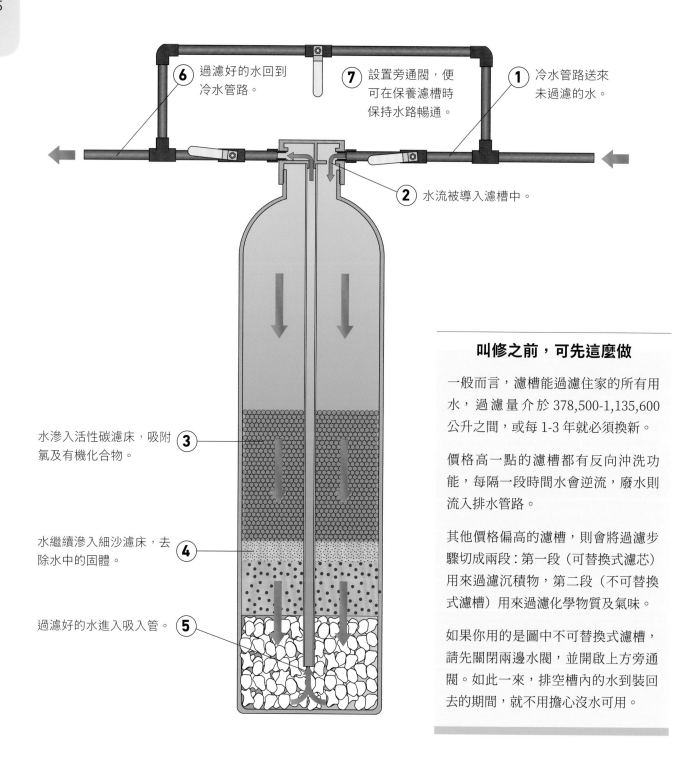

6 過濾好的水回到冷水管路。

7 設置旁通閥，便可在保養濾槽時保持水路暢通。

1 冷水管路送來未過濾的水。

2 水流被導入濾槽中。

水滲入活性碳濾床，吸附氯及有機化合物。 **3**

水繼續滲入細沙濾床，去除水中的固體。 **4**

過濾好的水進入吸入管。 **5**

叫修之前，可先這麼做

一般而言，濾槽能過濾住家的所有用水，過濾量介於 378,500-1,135,600 公升之間，或每 1-3 年就必須換新。

價格高一點的濾槽都有反向沖洗功能，每隔一段時間水會逆流，廢水則流入排水管路。

其他價格偏高的濾槽，則會將過濾步驟切成兩段：第一段（可替換式濾芯）用來過濾沉積物，第二段（不可替換式濾槽）用來過濾化學物質及氣味。

如果你用的是圖中不可替換式濾槽，請先關閉兩邊水閥，並開啟上方旁通閥。如此一來，排空槽內的水到裝回去的期間，就不用擔心沒水可用。

逆滲透濾水器 REVERSE OSMOSIS FILTER

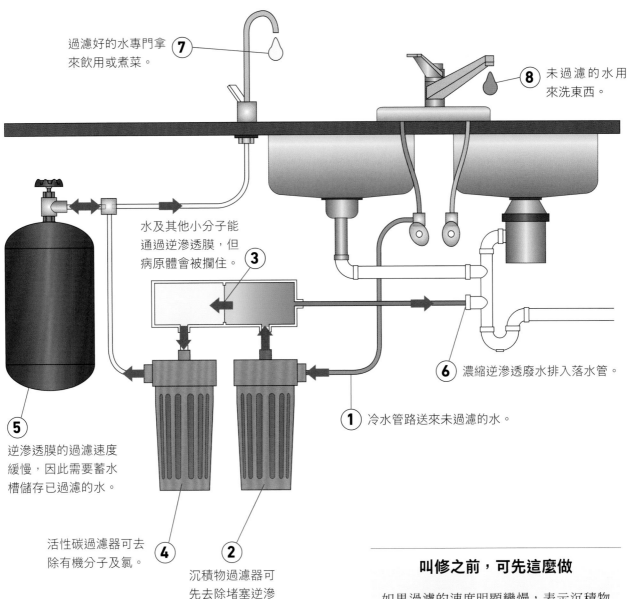

過濾好的水專門拿來飲用或煮菜。 **7**

8 未過濾的水用來洗東西。

水及其他小分子能通過逆滲透膜,但病原體會被攔住。 **3**

6 濃縮逆滲透廢水排入落水管。

1 冷水管路送來未過濾的水。

5 逆滲透膜的過濾速度緩慢,因此需要蓄水槽儲存已過濾的水。

活性碳過濾器可去除有機分子及氯。 **4**

2 沉積物過濾器可先去除堵塞逆滲透膜的顆粒。

逆滲透濾水器如何運作?

逆滲透濾水器包含了三種過濾裝置,即用來去除大顆粒的沉積物過濾器、用來去除溶於水中的鹽類和金屬的塑膠逆滲透過濾膜,以及用來去除氣味的活性碳筒。

這是功能最強的居家濾水裝置了。

叫修之前,可先這麼做

如果過濾的速度明顯變慢,表示沉積物過濾器可能堵塞了,需要換新。

換上新的沉積物過濾器之後,過濾速度還是沒變快,表示逆滲透濾水器可能有堵塞,必須清理或換新。請按說明書的指示進行。

如果水喝起來或聞起來有化學味,表示活性碳過濾器可能已經飽和,需要換新。

軟水器 WATER SOFTENER

軟水器如何運作？

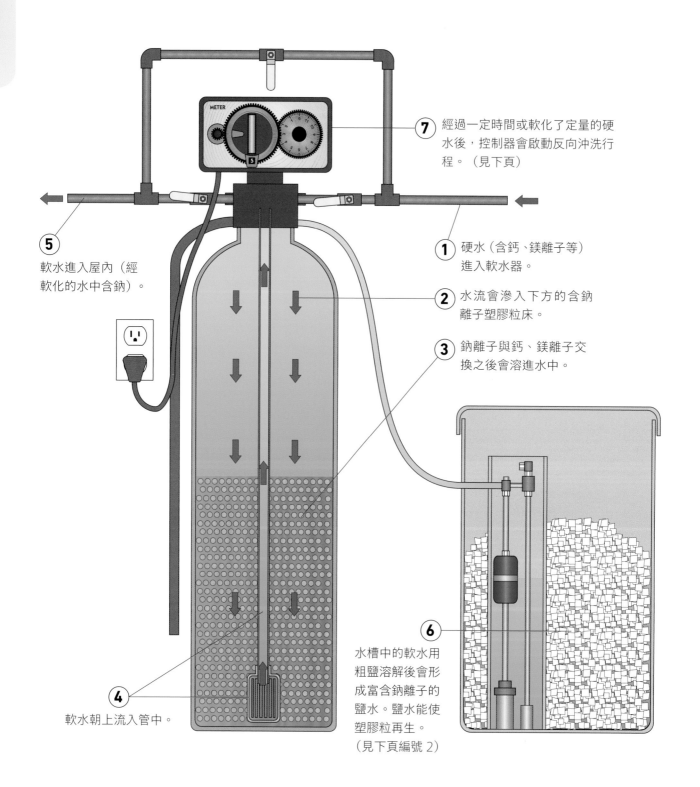

7 經過一定時間或軟化了定量的硬水後，控制器會啟動反向沖洗行程。（見下頁）

5 軟水進入屋內（經軟化的水中含鈉）。

1 硬水（含鈣、鎂離子等）進入軟水器。

2 水流會滲入下方的含鈉離子塑膠粒床。

3 鈉離子與鈣、鎂離子交換之後會溶進水中。

4 軟水朝上流入管中。

6 水槽中的軟水用粗鹽溶解後會形成富含鈉離子的鹽水。鹽水能使塑膠粒再生。（見下頁編號 2）

樹脂再生處理

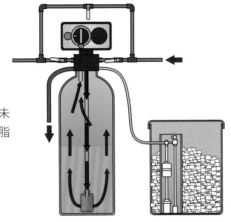

①

控制器會啟動反洗行程。未經軟化的水會反向流過樹脂床，並由排水管排出。

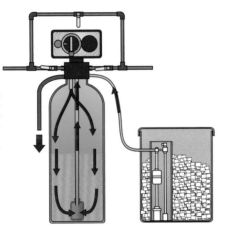

②

控制器切換至再生行程。濃縮鈉溶液被打入槽中並流經樹脂床，溶液中的鈉離子會和樹脂上的鈣、鎂離子進行交換。經離子交換的溶液由排水管排出。

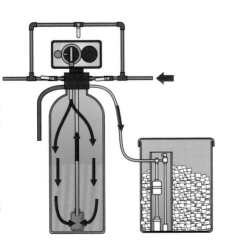

③

繼續用未軟化的水清洗樹脂床，但處理過的水會流入鹽水槽。

④

鹽水槽中的軟水用粗鹽會慢慢溶化，必須手動補充。

叫修之前，可先這麼做

如果你家的水又慢慢變硬，而且沒有回軟的跡象，代表軟水用粗鹽可能用完（可以上五金行買）。

如果粗鹽還剩下不少，請看看鹽水槽中的水有多高。理論上，水位應該要超過槽高的一半。如果不到一半，請在槽中加水。

如果水每隔一段時間就變硬，表示樹脂慢慢飽和了，這時必須反覆重新設定控制器，不斷切到再生行程。請按說明書指示重新設定控制器。

紫外線淨水器 UV PURIFIER

紫外線淨水器如何運作？

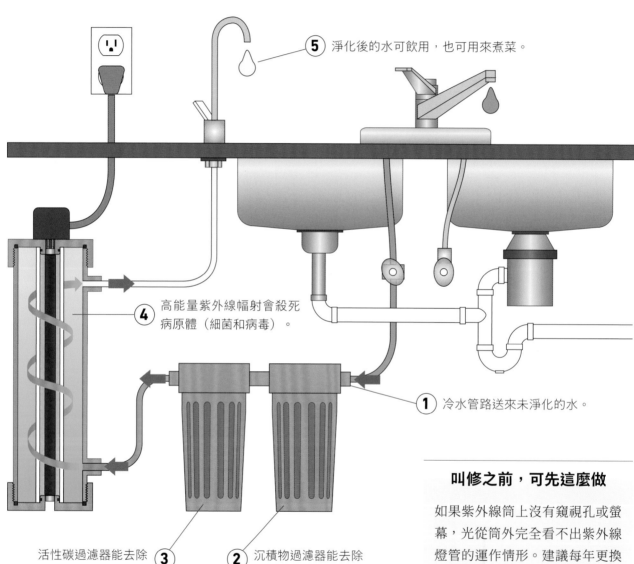

⑤ 淨化後的水可飲用，也可用來煮菜。

④ 高能量紫外線幅射會殺死病原體（細菌和病毒）。

① 冷水管路送來未淨化的水。

③ 活性碳過濾器能去除有機分子及氯。

② 沉積物過濾器能去除使水混濁、阻擋紫外線穿透的顆粒。

紫外線淨水器一般由沉積物過濾器、活性碳過濾器和紫外線筒組成，能去除水中的大顆粒和氣味。紫外線淨水器的特色是不必靠加氯或煮沸，就能殺死水中的細菌和病毒。

叫修之前，可先這麼做

如果紫外線筒上沒有窺視孔或螢幕，光從筒外完全看不出紫外線燈管的運作情形。建議每年更換一次燈管，確保燈管正常運作。

如果淨水的速度明顯變緩慢，表示沉積物過濾器可能堵塞，需要換新。

如果水喝起來或聞起來有化學味，表示活性碳過濾器可能已經飽和，需要換新。

消防灑水頭 FIRE SPRINKLER

消防灑水頭如何運作？

火焰在密閉不通風的空間中延燒時，會產生熱空氣。熱空氣由於密度較輕，因此會一路飄向天花板。天花板附近的溫度會不斷升高，直到接近灑水頭設定的溫度（約 66℃）時，便會啟動灑水頭。這個溫度還不至於危害人體呼吸道，也還沒達到家具和建材的燃點。

離火源最近的灑水頭啟動後，灑出的水會與火焰接觸且立即蒸發，順勢帶走潛熱，降低空氣和被燃物的溫度（跟大熱天下暴雨的降溫效果差不多）。一般來說，只要熱量一減少，火就會滅了。

棘手的是，若沒有人主動關閉水源，灑水頭還是會繼續灑水！

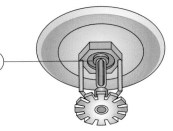

灑水頭出水口上封有柱塞，柱塞由添加了甘油的玻璃柱固定。

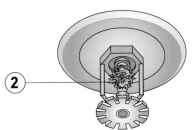

甘油會隨玻璃柱溫度升高而膨脹，溫度達 68℃ 後的 1-2 分鐘，內壓會震破玻璃柱，鬆開柱塞。（編注：高溫場所須另擇高溫用灑水頭。）

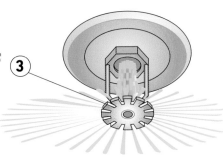

加壓後的水經迴水板導流，會以大面積方式噴灑。通常經過一段時間灑水冷卻後，其他灑水頭就不會啟動。

灑水頭的一般配置方式

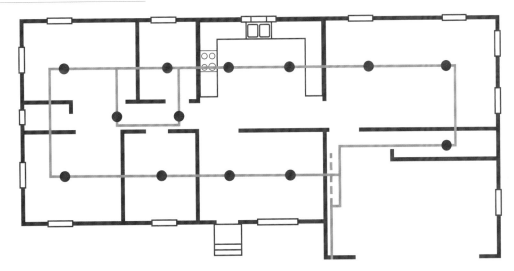

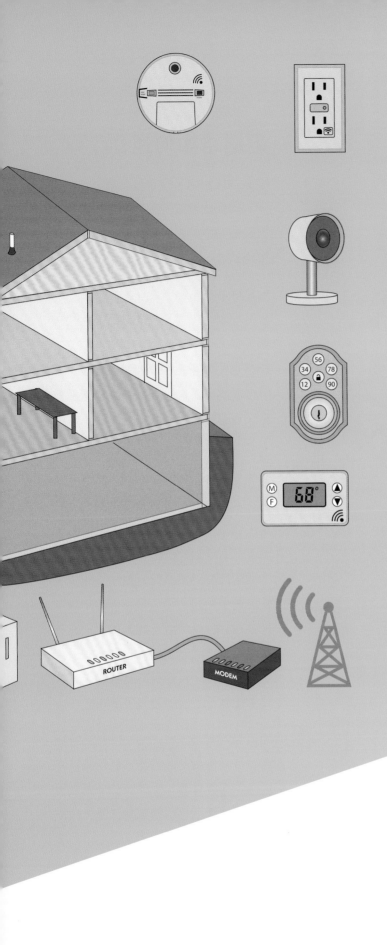

家中的電路

2
——
WIRING

對家中電路不熟的屋主，會害怕修理電路理所當然。讀過本章之後，你會學到一些電流基本知識，再搭配幾條簡單安全守則，處理不太複雜的電路問題時就不會慌張了。

修理電路、固定電器或電子設備時，第一條安全守則就是先切斷電源，也就是拔掉插頭、關閉配電箱裡的電路斷路器，或打開配電盤最上方的兩個主斷路器。為求安全無虞，請使用三用電表確認電源完全關閉，再開始修理電路。

電迴路 ELECTRICAL CIRCUIT

電迴路如何運作？

根據物理定律，除了核反應外，物質無法增加或消滅。因此，在左方的水力迴路圖中，由水泵抬升的水在使水車轉動後，會不斷流回水泵中。

水泵釋放能量的方式，是對水管中的水施加壓力。經加壓的水所產生的流量，會以每分鐘的公升數為單位計算。水龍頭可使水流流動或停止。水流自高處落下時，會將能量傳遞給水車，自身能量耗盡後便會流回源頭。

我們可以透過水力迴路的運作模式理解電流迴路。電路中的電動勢（伏特）來自電廠，會對電子加壓形成電流，電流單位為安培（1 安培 = 每秒流過 $6.24 \times 1,018$ 個電子）。電路中的開關能關閉或打開迴路，讓電流繼續流動或停止。至於電路中的水車，則是電動機或燈泡。如圖所示，電子會將能量傳遞給這兩種負載。電子和水分子一樣，當自身能量耗盡後，會經由能導電的接地面流回源頭。

如果迴路不完全（即未形成封閉迴路），就無法形成電流。電壓值為零的回流路徑稱為「中性線」，可能是地表或地表上方的導電體。回流路徑也可以是接地線。

水力迴路

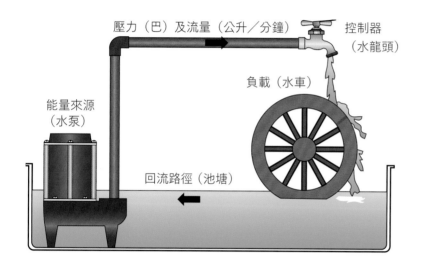

壓力（巴）及流量（公升／分鐘）　控制器（水龍頭）

負載（水車）

能量來源（水泵）

回流路徑（池塘）

電力迴路

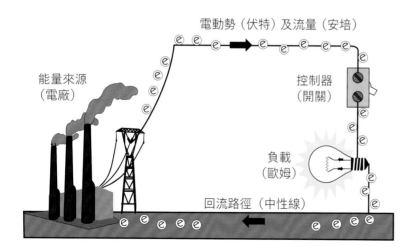

電動勢（伏特）及流量（安培）

能量來源（電廠）

控制器（開關）

負載（歐姆）

回流路徑（中性線）

歐姆定律 OHM'S LAW

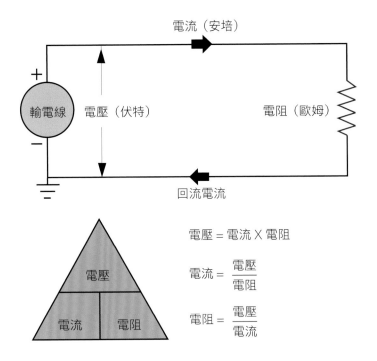

電流（安培）

輸電線 電壓（伏特） 電阻（歐姆）

回流電流

電壓 = 電流 X 電阻

電流 = 電壓 / 電阻

電阻 = 電壓 / 電流

電壓

電流 | 電阻

歐姆定律如何運作？

1827 年，格奧爾格·西蒙·歐姆（Georg Simon Ohm）定義出電路數值之間的數學關係。歐姆定律式子如下：

$$I = \frac{V}{R}$$

其中 I 為電流（單位為安培），V 為電動勢（單位為伏特），R 為電阻值（單位為歐姆）。

根據歐姆定律，上式中的三個數值只要給定其中兩個，就能求出另外一個。左邊的綠色三角形中有三個值，你可以把大拇指壓在你想求的數值上，就能看出另兩個數值之間的數學關係。

在電路中套用歐姆定律

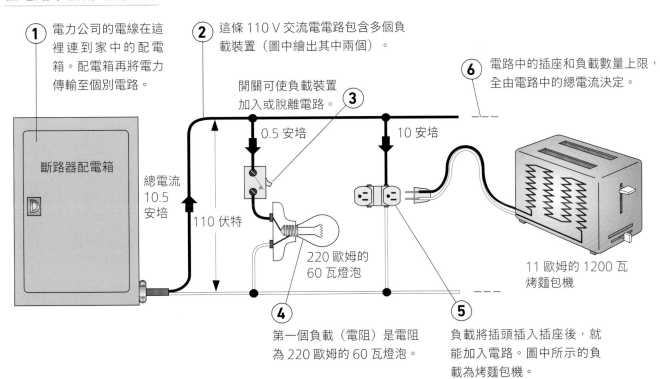

① 電力公司的電線在這裡連到家中的配電箱。配電箱再將電力傳輸至個別電路。

② 這條 110 V 交流電電路包含多個負載裝置（圖中繪出其中兩個）。

開關可使負載裝置加入或脫離電路。③

⑥ 電路中的插座和負載數量上限，全由電路中的總電流決定。

斷路器配電箱

0.5 安培

10 安培

總電流 10.5 安培

110 伏特

220 歐姆的 60 瓦燈泡

11 歐姆的 1200 瓦烤麵包機

④ 第一個負載（電阻）是電阻為 220 歐姆的 60 瓦燈泡。

⑤ 負載將插頭插入插座後，就能加入電路。圖中所示的負載為烤麵包機。

使用三用電表 USING A TEST METER

自動換檔數位三用電表

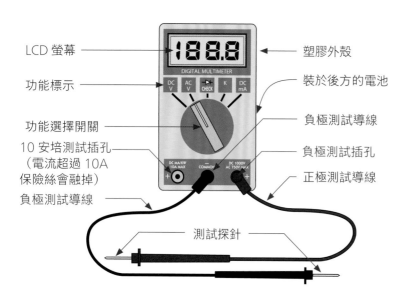

LCD 螢幕

功能標示

功能選擇開關

10 安培測試插孔
（電流超過 10A
保險絲會融掉）

負極測試導線

塑膠外殼

裝於後方的電池

負極測試導線

負極測試插孔

正極測試導線

測試探針

三用電表如何運作？

三用電表相當方便，能用來測量歐姆定律裡的所有變數，也就是電壓、電流和電阻。因此，三用電表既能測直流電電路，也能測交流電電路。即使是最便宜的機種，誤差頂多在正負 0.5% 以內。不過要使用三用電表，必須先了解電路及歐姆定律才行。

下圖是一組簡單的 12V 直流電電燈迴路，通常會安裝在車子或船上。在下一節當中，我們會繼續透過這組迴路解釋如何測量電壓、電流和電阻。

12V直流電電燈迴路的例子

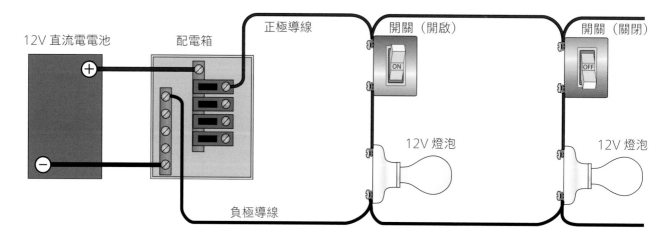

12V 直流電電池

配電箱

正極導線

開關（開啟）

ON

開關（關閉）

OFF

12V 燈泡

12V 燈泡

負極導線

圖中電路由汽車的 12V 直流電電池驅動，電池的正極（紅）、負極（黑）導線和配電箱連接並供應電源，每條獨立電迴路（本圖只畫出一條）都是從配電箱拉出來的，而且各自配有斷路器。

迴路中的燈泡都有開關控制。當開關切到「開」，與燈泡相連的紅色導線就會和正極導線形成通路，接收 12V 的電壓。當開關切到「關」，電路就會切斷，燈泡紅色導線上的電壓值便歸零。

另外，燈泡的燈絲都相當於負載或電阻。根據歐姆定律，若燈絲的電阻值為 0 歐姆，電流會變為無限大，這時斷路器就會跳電。

測量電壓（伏特）

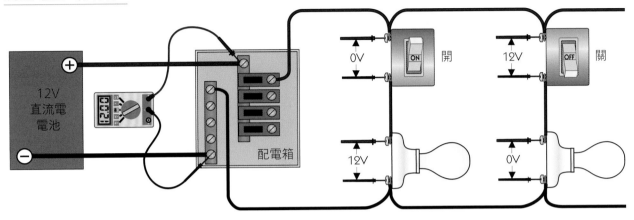

測量電流（安培）

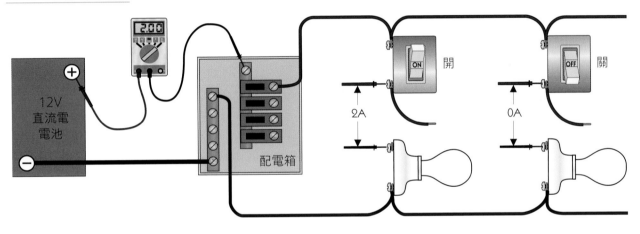

測量電阻（歐姆）*

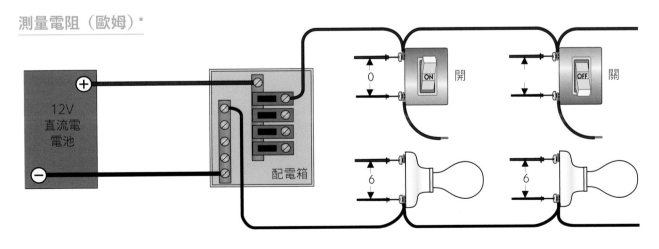

---

* 審訂注：測到電壓和電流後，即可以
   歐姆定律（見第 49 頁）計算得知。

110 & 220 V 交流電 110 & 220 VAC

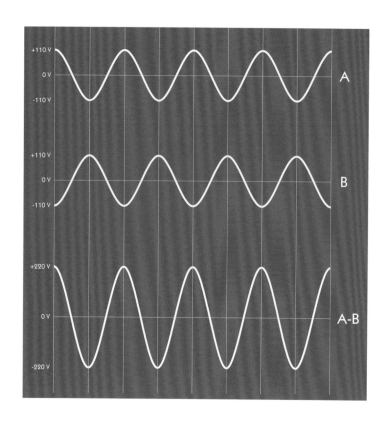

如何運作？

如先前所述，家用電壓似乎都是 110 V 交流電。不過，家用電壓其實有三種。要不然家中怎麼有使用 220 V 的冷氣？事實上，有些電器既能接 110 V，也能接 220 V，譬如電爐和烘衣機。

它的運作是這樣：假設現在有 A、B、N 三條電線，分別從電線桿上的變壓器拉進屋內。如左方電壓變化圖所示，電線 A 和電線 B 都是 110 V（俗稱火線），但相位相反。電線 N 是 0 V 的中性線（俗稱水線）。因此，當 A、N 兩線搭配或 B、N 兩線搭配接電，就分別各得一組不同相位的 110 V 和 -110 V 電路。

再來會稍微複雜一點：當我們把 A、B 兩條線配在一起，由於兩條線的電壓相位剛好相反，就會得到第三種電壓：220 V。

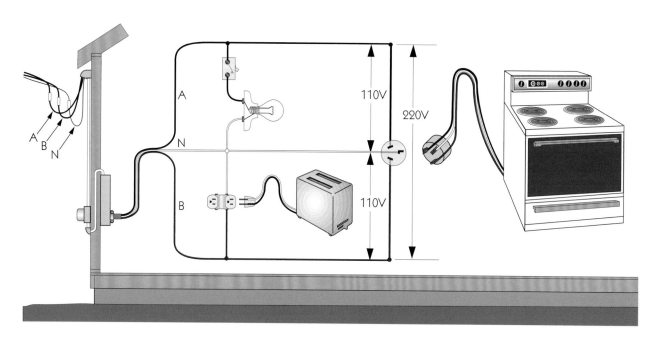

斷路器及保險絲 CIRCUIT BREAKERS & FUSES

斷路器及保險絲如何運作？

電磁式斷路器

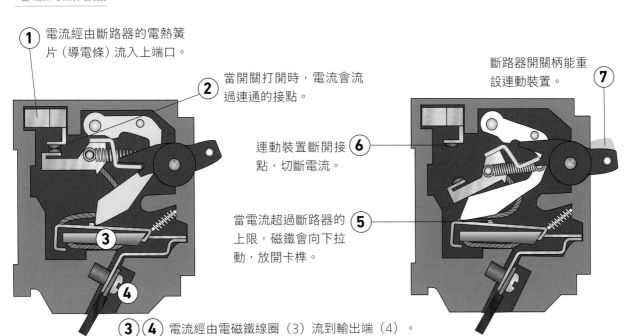

① 電流經由斷路器的電熱簧片（導電條）流入上端口。

② 當開關打開時，電流會流過連通的接點。

⑦ 斷路器開關柄能重設連動裝置。

⑥ 連動裝置斷開接點，切斷電流。

⑤ 當電流超過斷路器的上限，磁鐵會向下拉動，放開卡榫。

③④ 電流經由電磁鐵線圈（3）流到輸出端（4）。

保險絲

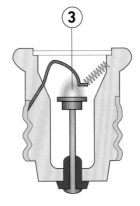

電流依序流過中央柱、焊珠、電線，最後流到外殼。

電流會加熱焊珠，一旦電流超過負載上限，便會熔化焊珠。接著，彈簧會和電線一同彈開，切斷電迴路。

① 電流從底部正中央的端口流入保險絲。

叫修之前，可先這麼做

電燈突然全部熄滅的時候，要馬上去檢查主配電箱。

斷路器異常的時候，外觀看不太出來。雖然開關柄通常會跳開，但跳開的幅度不太明顯。無論如何，每組斷路器請先斷開（OFF）再接通（ON），要是電路上有過高的負載或短路情形，斷路器就會立刻斷開。如果斷路器毫無動靜，但家裡的燈依舊沒亮，就表示不是斷路器的問題。

而玻璃管保險絲熔斷時，外觀上一看即知：玻璃可能會霧霧的，裡頭的金屬絲可能會整條熔掉。

接戶線 SERVICE DROP

接戶線如何運作？

接戶線指的是從電線桿變壓器接入家裡的一組電線，內含三條電線。如左圖及第 52 頁 110 & 220 伏特交流電所述，電線 A 和 B 都各帶 110V 電壓，不過 A 達正相位最大值時，B 處於負相位最大值。電線 N（中性線）的電壓始終為零。

我們可以從三條電線中任選兩條互相組合，形成能推動電路的電壓。家用電壓包含下列三種：

A-N = 110 伏特
B-N = 110 伏特
A-B = 220 伏特

聯絡電力公司之前，可先這麼做

當房間停電，在通報電力公司家裡停電之前，可以先做這幾件事：

聯絡隔壁鄰居，確認對方家裡是不是也停電。

檢查家裡的主配電箱，看看有沒有斷路器斷開。有的話，請重置斷路器。如果斷路器又斷開，表示電路負載過高。

檢查其他房間裡是否還有電，有的話，表示問題出在家中某個地方。

如果家裡完全沒電，請重置配電箱最上方的主電源斷路器。

如果家裡還是沒電，請通知電力公司你家停電了。

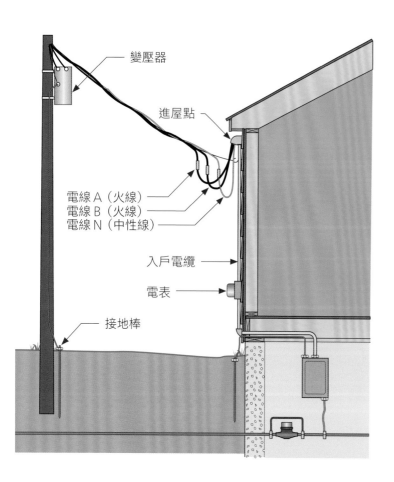

電子機械式電表 ELECTROMECHANICAL METER

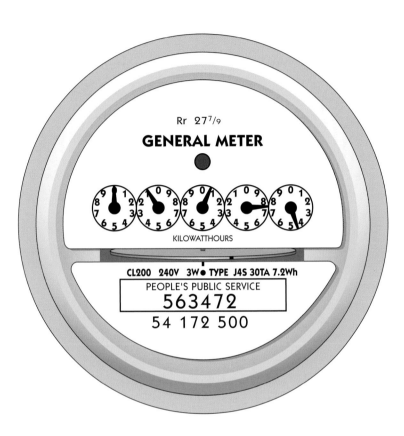

Rr 27⁷/₉

GENERAL METER

KILOWATTHOURS

CL200　240V　3W● TYPE J4S 30TA 7.2Wh

PEOPLE'S PUBLIC SERVICE
563472
54 172 500

電子機械式電表
如何運作？

功率指的是能量產生或消耗的速率。電功率的單位是瓦特，計算公式如下：

功率（W）＝電流（A）X 電壓（V）

總用電量即時間（小時）乘上消耗速率（瓦特），單位為「瓦小時」（Wh）。不過這個單位太小，電力公司通常會改用「千瓦小時」（KILOWATTHOURS，kWh）的「度」來計算用電量。

屋外的電表是一顆小馬達，馬達旋轉圈數和流過馬達的電量成正比。電表圓盤轉了幾圈，就代表目前用了多少「度」的電。

電表上有許多數字，分別代表電流量、使用電壓、電表種類、電表常數。圖中的電表常數是 7.2 Wh，代表每使用 7.2 Wh 的電，圓盤就會轉一圈。

電表內有許多齒輪，會和圓盤和刻度盤相連。每個月都會有抄表員來抄刻度盤上的數字（有些設備能支援遠端抄表），將本月數字減去前月數字，就能算出你本月得付的電費。

電表數字由左向右讀，若指針落在兩個數字之間，就取較小的值。因此，圖中電表上的數字要讀成 01074。

另外，跟各種齒輪傳動的機械一樣，每個刻度盤旋轉的方向兩兩相反，呈交錯排列。

聯絡電力公司之前，可先這麼做

有些消費者一收到高額電費單，會懷疑電表是不是壞了。其實，電表壞掉的機率很低，想檢查電表有沒有壞也很簡單。打開主配電箱，留一個斷路器不要斷開，其他全部切斷，再將功率已知的電器（譬如1,000瓦的電暖器）接到沒斷開的斷路器上，讓電器運轉 1 小時。如果電表最右邊的指針轉到大於 1 的刻度，請通知電力公司。

智慧電表 SMART METER

智慧電表如何運作？

智慧電表結合了數位電表、電腦及雙向無線電等等功能，每小時會擷取好幾次各戶的用電資料（包括太陽能與風力發電產生的電量），再將擷取的資料透過無線電和網路傳送給電力公司。

有了用電量即時資訊，電力公司便能發現各戶是否停電，並在費率不同的用電時段監控用戶用量。但智慧電表最大的作用，是能省下抄表員人力支出，進而提供用戶較低的費率。

智慧電表固然優點不少，還能降低用戶費率，但消費者團體卻擔心無線電會釋放有礙健康的電磁波，因此強力抵制使用這種電表。智慧電表孰優孰劣，目前尚無定論。

透過智慧電表蒐集用電資料

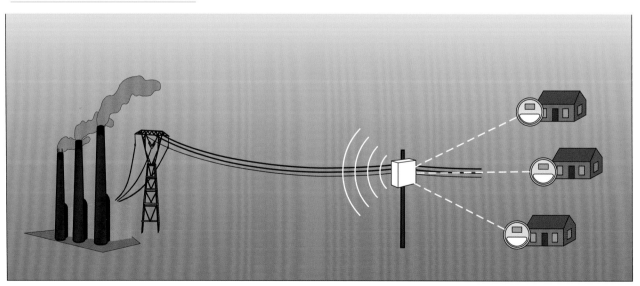

接地 CIRCUIT GROUNDING

接地如何運作？

未接地

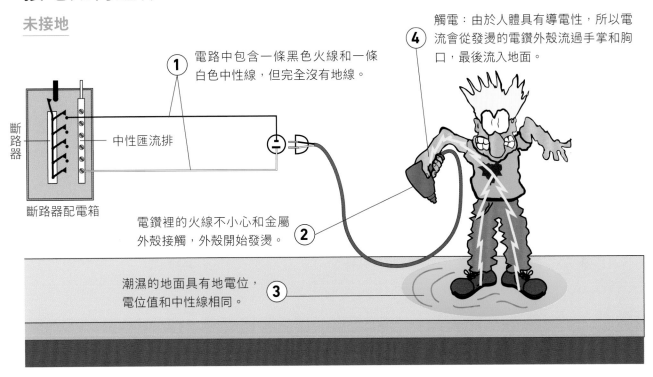

① 電路中包含一條黑色火線和一條白色中性線，但完全沒有地線。

斷路器

中性匯流排

斷路器配電箱

② 電鑽裡的火線不小心和金屬外殼接觸，外殼開始發燙。

④ 觸電：由於人體具有導電性，所以電流會從發燙的電鑽外殼流過手掌和胸口，最後流入地面。

③ 潮濕的地面具有地電位，電位值和中性線相同。

接地

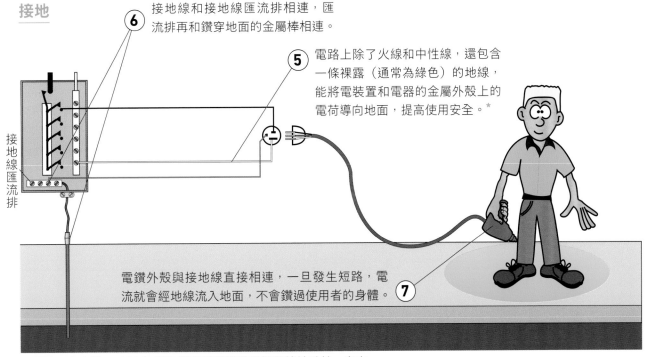

⑥ 接地線和接地線匯流排相連，匯流排再和鑽穿地面的金屬棒相連。

接地線匯流排

⑤ 電路上除了火線和中性線，還包含一條裸露（通常為綠色）的地線，能將電裝置和電器的金屬外殼上的電荷導向地面，提高使用安全。*

⑦ 電鑽外殼與接地線直接相連，一旦發生短路，電流就會經地線流入地面，不會鑽過使用者的身體。

* 編注：在台灣，1999 年起有規定新建築都要設置接地系統，家中插座若是 3 孔，就是有做接地，若為 2 孔插座則尚未做接地。

配電箱 ELECTRICAL PANELS

配電箱如何運作？

主配電箱

主配電箱是將主電源逐一分配到房屋各處的地方。副配電箱的供電來自於主配電箱，在用電量大且用電處離主配電箱較遠的時候，副配電箱就能派上用場。

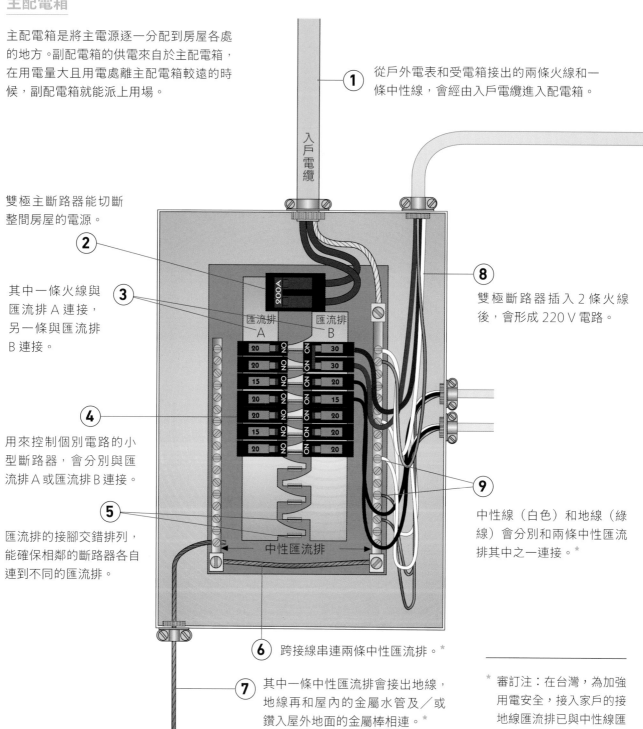

1 從戶外電表和受電箱接出的兩條火線和一條中性線，會經由入戶電纜進入配電箱。

雙極主斷路器能切斷整間房屋的電源。

2

其中一條火線與匯流排 A 連接，另一條與匯流排 B 連接。

3

8 雙極斷路器插入 2 條火線後，會形成 220 V 電路。

4 用來控制個別電路的小型斷路器，會分別與匯流排 A 或匯流排 B 連接。

9

中性線（白色）和地線（綠線）會分別和兩條中性匯流排其中之一連接。*

5 匯流排的接腳交錯排列，能確保相鄰的斷路器各自連到不同的匯流排。

6 跨接線串連兩條中性匯流排。*

7 其中一條中性匯流排會接出地線，地線再和屋內的金屬水管及／或鑽入屋外地面的金屬棒相連。*

---

* 審訂注：在台灣，為加強用電安全，接入家戶的接地線匯流排已與中性線匯流排完全分離不相通，且多半設置在配電箱底邊。

副配電箱

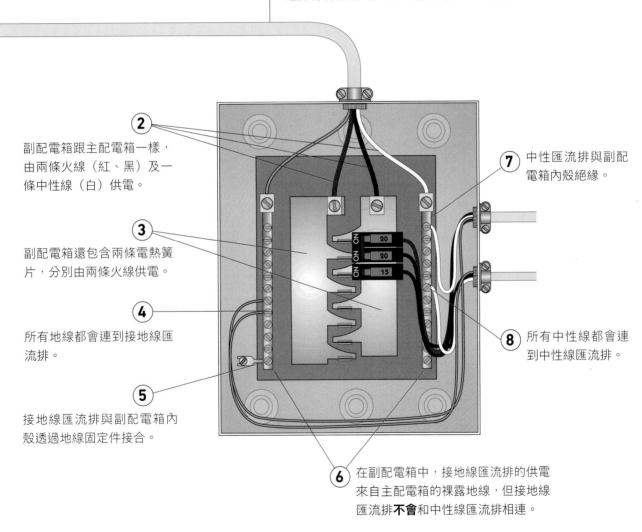

(1) 連接主配電箱和副配電箱的電纜線，必須按照主配電箱斷路器的大小設計。如果要外露纜線，就必須選擇符合法規的尺寸，否則只能置於導管中。

(2) 副配電箱跟主配電箱一樣，由兩條火線（紅、黑）及一條中性線（白）供電。

(3) 副配電箱還包含兩條電熱簧片，分別由兩條火線供電。

(4) 所有地線都會連到接地線匯流排。

(5) 接地線匯流排與副配電箱內殼透過地線固定件接合。

(6) 在副配電箱中，接地線匯流排的供電來自主配電箱的裸露地線，但接地線匯流排**不會**和中性線匯流排相連。

(7) 中性匯流排與副配電箱內殼絕緣。

(8) 所有中性線都會連到中性線匯流排。

插座 RECEPTACLE

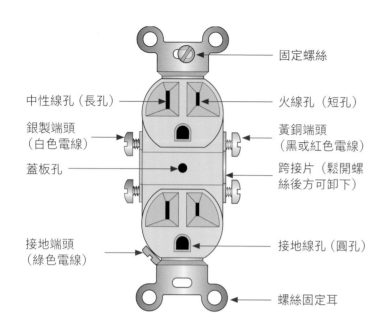

固定螺絲

中性線孔（長孔）

火線孔（短孔）

銀製端頭
（白色電線）

黃銅端頭
（黑或紅色電線）

蓋板孔

跨接片（鬆開螺
絲後方可卸下）

接地端頭
（綠色電線）

接地線孔（圓孔）

螺絲固定耳

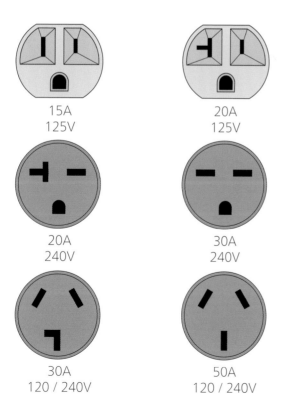

15A
125V

20A
125V

20A
240V

30A
240V

30A
120 / 240V

50A
120 / 240V

插座如何運作？

插座能使燈泡、電器或其他電力設備連接到電路上，這些設備的插頭插上就會成為電路的一環。

為避免插頭接腳插錯孔（如火線接腳插進中性線孔或接地孔），插孔和插頭接腳都會互相配對，各自的形狀由法規規定。左圖是常用的 15A ／ 125 V 插座，插座上的中性線孔比火線孔長。相對應的 15A ／ 125 V 插頭接腳也有同樣的設計，所以反著插是插不進插座的。*

接地孔同樣會經過特別設計。在三孔插座中，接地孔位於三角形頂角位置。舊式插座通常沒有接地孔，有三腳插頭的電器完全插不進無接地孔的插座。

左圖列出美國家庭常用的標準插座款式，每一款的形狀在《美國國家電氣規範》（National Electrical Code）中都有詳細規定，也都有各自對應的插頭款式。

在美國，要注意 15A 和 20A ／ 120 V 插座的差異。前者比後者便宜很多，因此很多時候，大家會把 20A 的電路接在 15A 的插座上（這在美國是違法）。還好，20A 電器是插不進 15 安培插座的。

---

* 審訂注：在台灣使用的插座形式不同，主流的插座設計為兩組三孔插座，三孔接線處位於後方。

常見的插座接法

多個插座並連串接

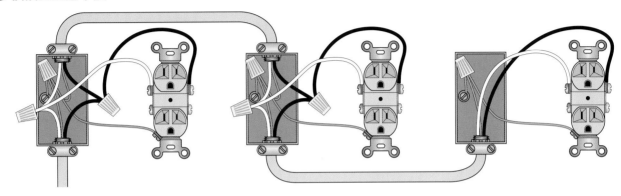

分線開關插座（上方插座供電由開關控制）

← 拆掉跨接片

分線插座（兩個插座的迴路各自獨立）*

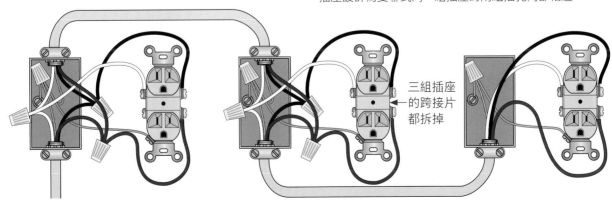

三組插座
的跨接片
都拆掉 →

* 審訂注：這種配線方式在台灣相對少見，台灣現行主流的
插座設計為雙聯式同一組插座的兩組插孔內部相連。

附接地插座 GFCI

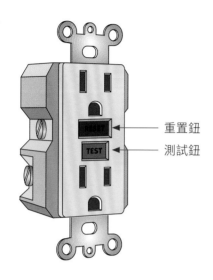

重置鈕
測試鈕

附接地插座如何運作？

根據美國法規，容易潮濕的地區必須安裝
附接地插座，以便降低觸電機率。

交流電通過附接地插座內的磁環時，會在
環上的拾取線圈產生電壓。一般來說，所
有電流都會流過火線和中性線，而兩條線
上的電流大小相同、方向相反，在線圈上
產生的電壓會互相抵銷。不過，一旦回流
電流部分流入地線，火線和中性線上的電
流大小就會不一致，讓線圈產生不為零的
電壓值。電壓經由漏電感應器放大，感應
器會斷開螺線管，進而斷開電路、切斷電
流。

接地漏電超過 0.005 安培後，電
路才會自動斷開。對人類來說，
0.005 安培無致死之虞，但可能
導致心房顫動。

附接地插座

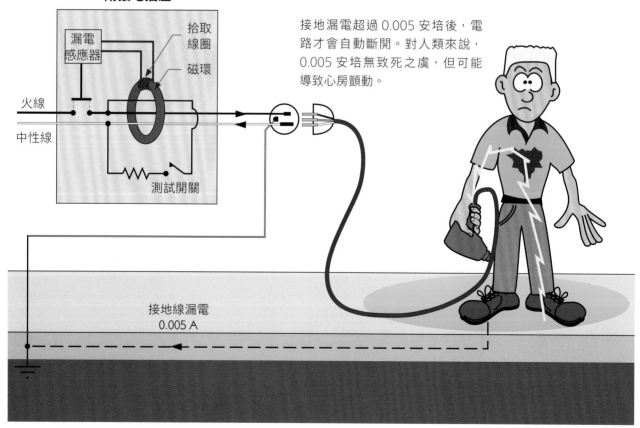

漏電
感應器

拾取
線圈

磁環

火線

中性線

測試開關

接地線漏電
0.005 A

防電弧漏電插座 AFCI

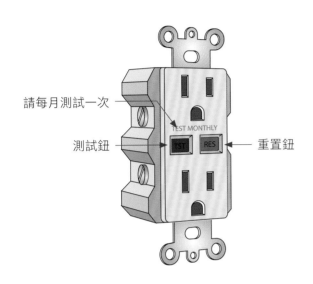

請每月測試一次

測試鈕

重置鈕

防電弧漏電插座如何運作？

電線因為鬆脫、斷裂，或因為絕緣皮裂開而互相碰觸時，都可能產生電弧，也就是直接穿過一小段空氣的電流。一般會利用電弧熔接金屬，但電弧也會在牆壁內引發火災。

防電弧漏電插座是一種內含微處理器（小型電腦）的斷路器，微處理器會偵測目前電路的電壓變化，並持續和正常電路的電壓變化進行比對。當電壓變化出現異常，微處理器就會斷開螺線管，進而斷開電路、中斷電流。

防電弧漏電插座內另設有符合標準規範的磁／熱電路斷路機制。

電弧和電壓變化圖

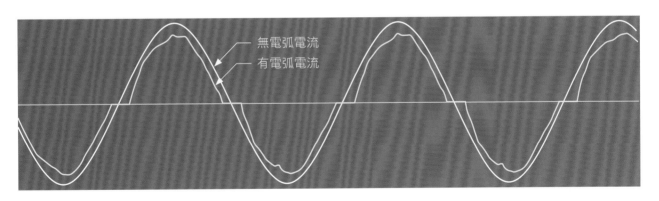

無電弧電流
有電弧電流

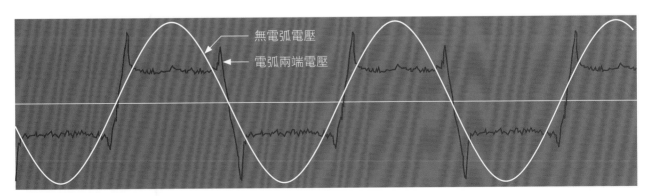

無電弧電壓
電弧兩端電壓

單切開關 SINGLE-POLE SWITCH

單刀單擲開關

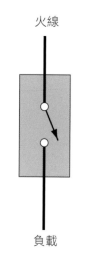

火線

負載

雙刀單擲開關

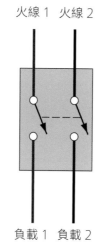

火線 1　火線 2

負載 1　負載 2

單切開關如何運作？

單刀單擲開關是最常見、也最簡單的一種開關。撥動開關能接通（開）或斷開（關）與兩端連接的火線（黑或紅色）。

雙刀單擲開關基本上由兩個單刀開關組合而成，能同時合上或斷開 220 電路中的兩條火線（黑色與紅色）。

請注意，根據《美國國家電氣規範》規定，連接開關的只有火線。要是隨意斷開地線，會產生的風險應該不難想像。

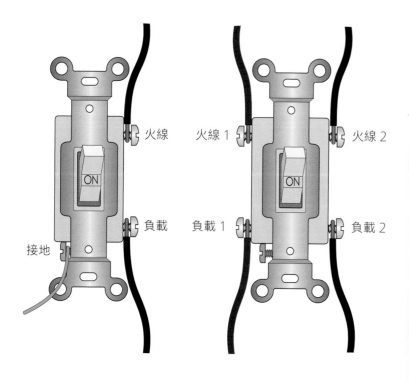

火線

負載

接地

火線 1　火線 2

負載 1　負載 2

叫修之前，可先這麼做

切開關的時候，如果燈泡或由開關控制的電器沒反應，你可以：

找個確定能亮的燈泡換上，如果燈泡會亮，表示開關是好的。

如果燈泡沒亮，請檢查一下該電路的斷路器或保險絲。

如果你想更換開關，請務必先打開配電箱，切斷該電路的供電。拔電線的時候，記得標清楚電線的類型，再按照舊接法將電線接到新開關上。

一般的單切開關電路

分線插座

← 該側跨接片已拆除

燈泡接於電路中段

請注意：可以用白色線材取代其他色線材，
但與端頭連接的前段必須塗成同樣顏色。

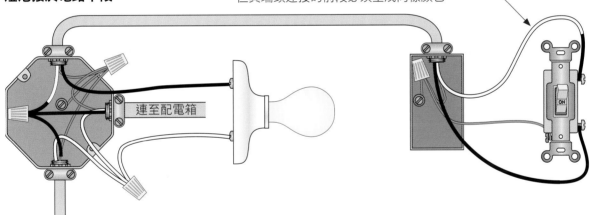

連至配電箱

燈泡接於電路末端

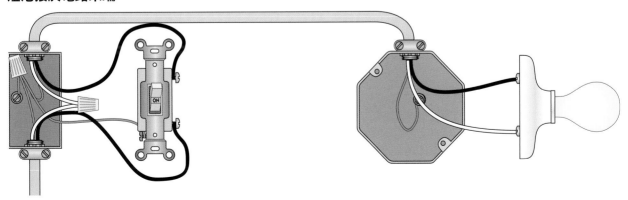

三向與四向開關 <small>3- & 4-WAY SWITCHES</small>

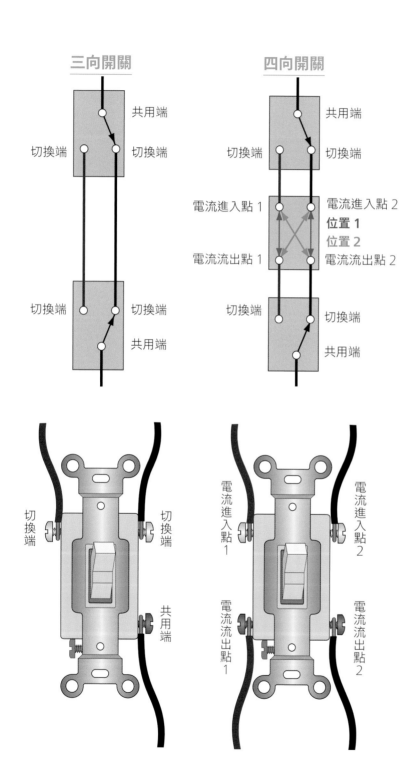

三向開關

共用端
切換端　切換端
切換端　切換端
共用端

四向開關

共用端
切換端　切換端
電流進入點 1　電流進入點 2
位置 1
位置 2
電流流出點 1　電流流出點 2
切換端　切換端
共用端

切換端　切換端
共用端

電流進入點 1　電流進入點 2
電流流出點 1　電流流出點 2

三向與四向開關
如何運作？

三向開關能從兩個地方控制同一盞燈，譬如樓梯腳和樓梯頂。如左圖所示，你只要切切看任一個開關，就會知道三向開關的運作模式了。你會發現，不管切哪個開關、切到什麼位置，都能讓同一側的電路合上或斷開，進而點亮或關掉燈泡。

四向開關則是進一步讓不同人在三個不同地方控制同一盞燈，而且開關數無上限。四向開關要設置在三向開關之內，內部的接點會在位置 1（藍色）和位置 2（綠色）之間切換。

要明白四向開關的運作方式，可以假想自己反覆切動兩側的三向開關。你會再次發現，不管切哪個開關、切到什麼位置，都能讓電路合上或斷開。

三向開關包含一個共用端頭，為深色氧化螺絲，可當作電源輸入或輸出口。其餘的端頭則稱為切換端頭，為淺色螺絲。共用線必須是黑色，而切換線可以是紅色或黑色，也可以接到任一個切換端頭上。

四向開關包含兩組紅線和黑線，紅線和黑線必須同時接在顏色相同的螺絲上。

三向開關電路

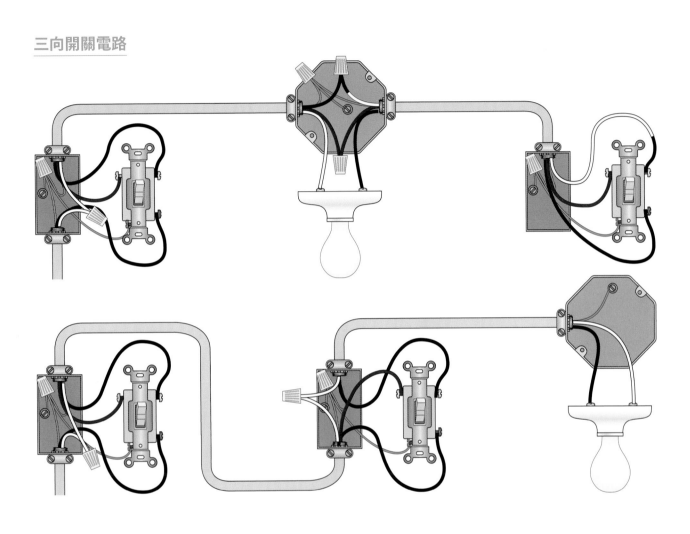

四向開關電路

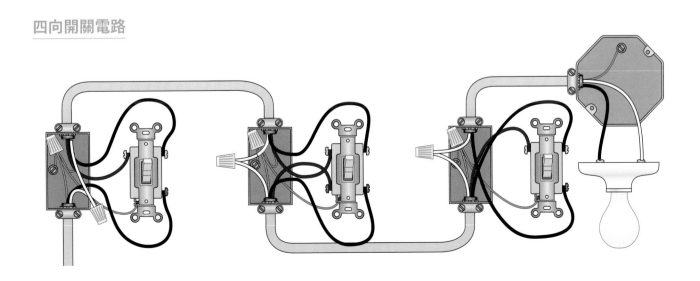

吊扇 / 燈具開關 CEILING FAN/LIGHT SWITCH

兩個牆壁開關

吊扇 / 燈具開關如何運作？

想了解使用吊扇降溫的原理及方法，可見第 113 頁的「吊扇」。

吊扇一般會包含燈具（有時燈具是另外分開的組件）及三段變速拉繩。

如圖所示，吊扇電路通常包含控制風扇用的單切開關，以及控制燈具用的調光開關。牆壁和天花板間的電纜線尺寸須為 14/3 或 12/3（美規，14 或 12 號的 3+1 芯），而且必須包含接地。

另一種更簡單的吊扇電路，只會包含一個牆壁開關（單切或調光開關）及尺寸為 14/2 或 12/2（美規，14 或 12 號的 2+1 芯）的含接地電纜線，吊扇則完全由拉繩控制。

合格的吊扇接線盒

吊扇拉繩

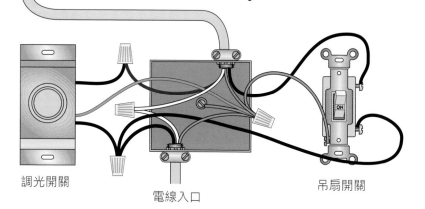

調光開關

電線入口

吊扇開關

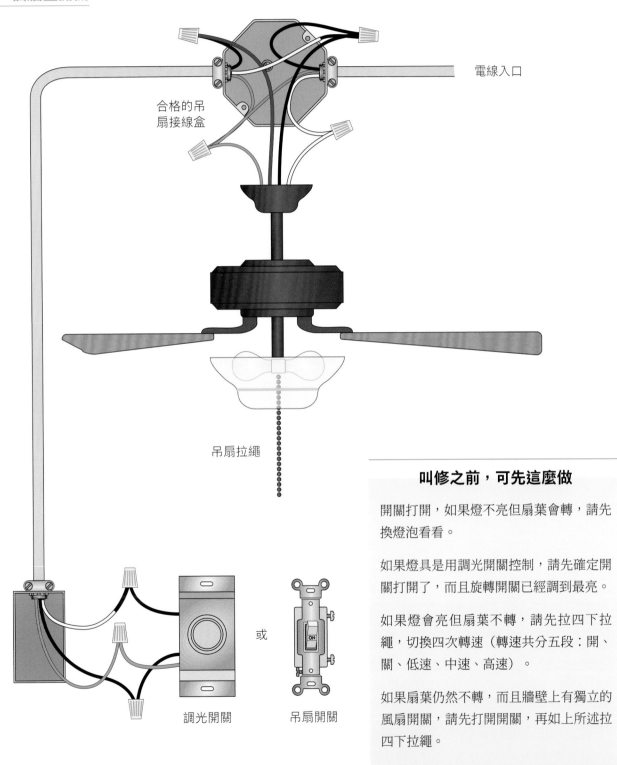

電線入口

合格的吊
扇接線盒

吊扇拉繩

調光開關

或

吊扇開關

叫修之前，可先這麼做

開關打開，如果燈不亮但扇葉會轉，請先
換燈泡看看。

如果燈具是用調光開關控制，請先確定開
關打開了，而且旋轉開關已經調到最亮。

如果燈會亮但扇葉不轉，請先拉四下拉
繩，切換四次轉速（轉速共分五段：開、
關、低速、中速、高速）。

如果扇葉仍然不轉，而且牆壁上有獨立的
風扇開關，請先打開開關，再如上所述拉
四下拉繩。

調光開關 DIMMER SWITCH

一般調光開關

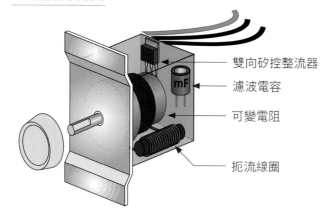

雙向矽控整流器

濾波電容

可變電阻

扼流線圈

亮暗週期

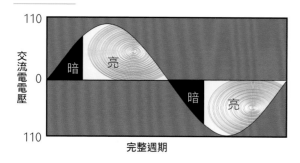

交流電電壓

暗　亮

暗　亮

完整週期

調光開關如何運作？

調光開關不會降低燈泡上的電壓，而是會讓燈亮的時間變短，如圖所示。不過，燈泡亮暗變換時並不明顯，因為變化速度太快（每秒改變120 次），肉眼完全看不出來。

基本上，總光量和總能源消耗量與燈亮的時間成正比，因此使用調光開關降低亮度，能省下一筆可觀的電費。將光量調低 25% 能省下20% 電費，調低一半能省下 40% 電費。另一方面，調低光量也能延長燈泡壽命。將光量調低 10%，能使燈泡延長一倍壽命。

本書介紹的通用於調光開關，不適用於省電螢光燈泡。省電螢光燈泡有專用調光開關，但要同時安裝對應型號的安定器。

調光開關電路

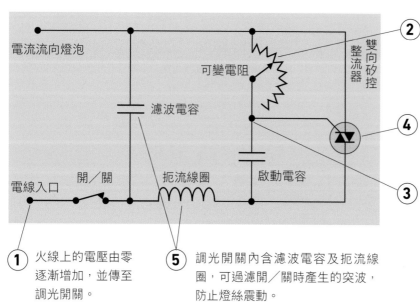

電流流向燈泡

可變電阻

雙向矽控整流器

濾波電容

開／關

扼流線圈

啟動電容

電線入口

(2) 可變電阻能控制啟動電容兩側電壓的上升速度。

(4) 雙向矽控整流器的結構對稱，能使同樣的阻斷／導通電流過程在負週期重複一次。

(3) 電容兩側電壓達臨界值時，雙向矽控整流器會將電流導入燈泡，持續到線電壓變零為止。

(1) 火線上的電壓由零逐漸增加，並傳至調光開關。

(5) 調光開關內含濾波電容及扼流線圈，可過濾開／關時產生的突波，防止燈絲震動。

一般調光開關電路

單切調光開關

三向開關及三向調光開關

兩個三向調光開關

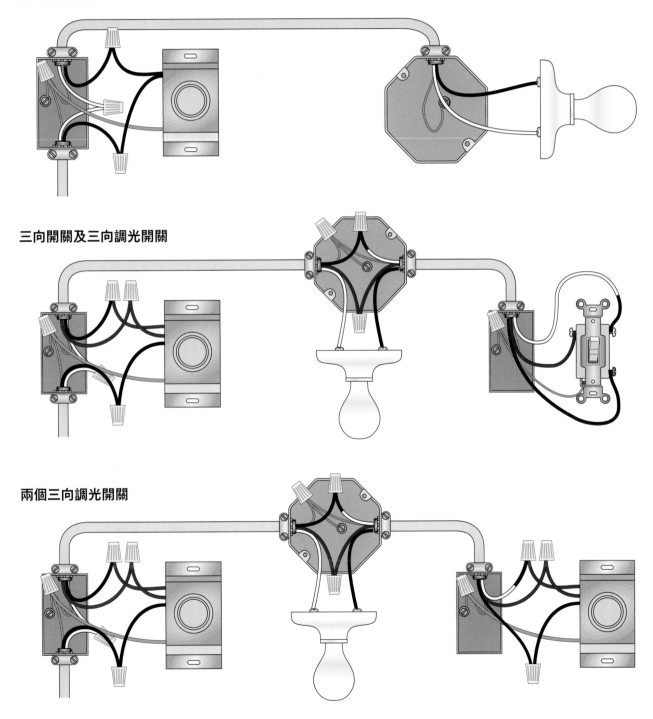

動作感應開關 MOTION-ACTIVATED SWITCH

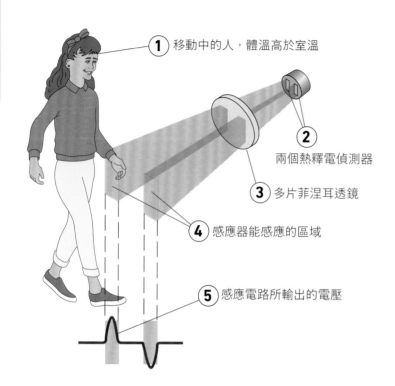

① 移動中的人，體溫高於室溫

② 兩個熱釋電偵測器

③ 多片菲涅耳透鏡

④ 感應器能感應的區域

⑤ 感應電路所輸出的電壓

感應區域

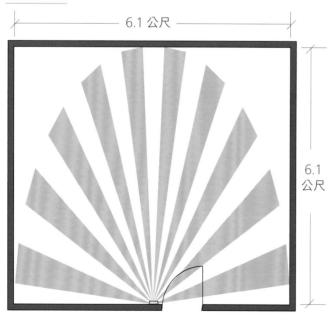

6.1 公尺

6.1 公尺

動作感應開關
如何運作？

舊型動作感應器，包括保全警報器或自動門上的感應器，主要靠發送光束、雷達、超音波來偵測動作。這些會主動發出訊號的感應器，統稱主動式感應器。

新型動作感應器則多為被動式，主要偵測來自人體波長 8-12 微米的遠紅外線，並區分下列兩者：（1）正在移動或靜止不動的人體。（2）是否只是溫度升高到近似人體體溫的房間或房內物體。

上述偵測是透過兩種電子技巧：第一，看的是偵測器輸出電壓的變化率。第二，感應器內裝有兩個偵測器，監測兩者輸出電壓之間的差異。

左上圖中，小女孩正走過感應區域。人經過第一塊區域時，第一個偵測器的輸出電壓會先上升後下降；經過第二塊區域時，第二個偵測器的輸出電壓變化會與第一個恰好相反，使感應器啟動照明裝置的開關。至於室內溫度上升、人靜止不動、突然出現閃光等情形，會使兩個偵測器同時發出相同訊號，因此不會啟動照明裝置。

如果要使整個房間都進入感應區域，感應器應該擺放在哪裡，可參考左下圖。

控制室內燈光

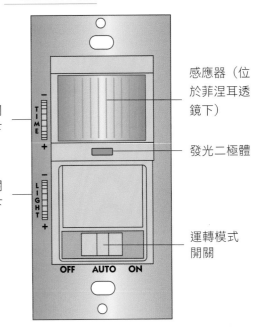

一般控制面板

時間控制開關
（位於面板下
方）

亮度控制開關
（位於面板下
方）

TIME

LIGHT

OFF　AUTO　ON

感應器（位
於菲涅耳透
鏡下）

發光二極體

運轉模式
開關

叫修之前，可先這麼做

開關切到「自動」或「開」時，如果燈依
然不亮，請更換燈泡。如果燈泡仍然不
亮，請檢查控制照明電路的斷路器。

如果燈泡一直亮著，請先檢查開關模式是
否已經調到自動，並確定房間裡完全沒有
人。

如果人進房時燈泡不亮，請確定模式開關
是否調到自動了。

如果燈泡仍然不亮，請拆掉面板並調整亮
度開關。

如果燈泡仍然不亮，請換掉整組控制器。

吸頂燈具 FLUSH-MOUNT LIGHT FIXTURE

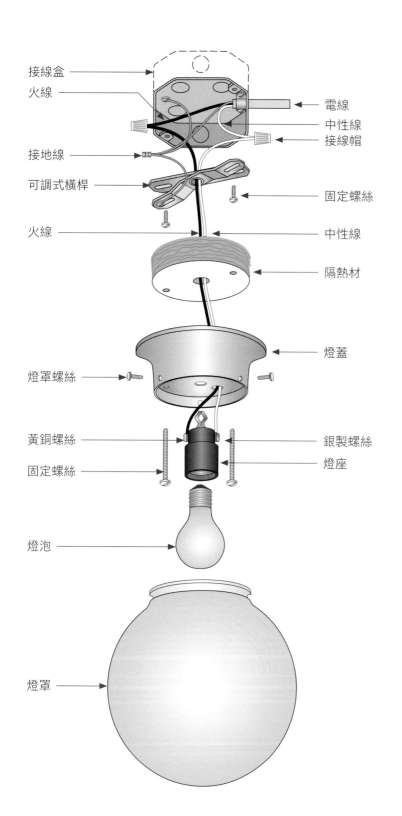

接線盒

火線

電線

中性線

接線帽

接地線

可調式橫桿

固定螺絲

火線

中性線

隔熱材

燈蓋

燈罩螺絲

黃銅螺絲

銀製螺絲

固定螺絲

燈座

燈泡

燈罩

吸頂燈具如何運作？

天花板電氣裝置一般由許多零件組成，不過大部分的零件都有標準規格，而且在家用五金量販店都買得到。

裝置最頂端都會有接線盒，有些固定在天花板上，有些裝在梁和梁之間。如果燈蓋夠寬，就能改用 1.27 公分（½ 吋）厚的接線盒，讓裝置卡進石膏板製天花板的空洞裡。

如果裝置偏重，譬如吊燈或特定款式的吊扇，除了靠接線盒吊著之外，還需要其他支撐件輔助。

裝置雖然裝在手搆不到的地方，但電線都要照法規配色。火線（黑線）必須和燈座上顏色偏深的端頭相連，才能使燈座罩具有接地電位。

叫修之前，可先這麼做

如果天花板燈具不亮，可能是因為燈泡燒壞了。建議換成省電燈泡，拉長使用週期。換燈泡的時候，必須先拆掉燈罩螺絲，再取下燈罩。

拆燈泡的時候，燈座可能會一起被轉鬆。這時候，最好先切掉斷路器電源，拔掉長形固定螺絲，再將燈具上的零件拆開。從燈座拆下燈泡之後，請裝上新燈泡、重新組好燈具，再開啟斷路器。

懸吊式天花板燈具 HANGING CEILING FIXTURE

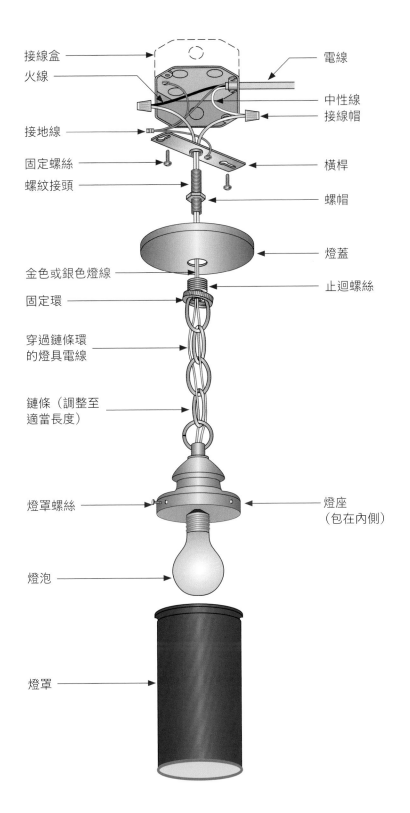

接線盒
火線
接地線
固定螺絲
螺紋接頭
金色或銀色燈線
固定環
穿過鏈條環
的燈具電線
鏈條（調整至
適當長度）
燈罩螺絲
燈泡
燈罩

電線
中性線
接線帽
橫桿
螺帽
燈蓋
止迴螺絲
燈座
（包在內側）

懸吊式天花板燈具
如何運作？

吊燈的零件比吸頂燈多，只要增加
或減少鏈條上的環數，就能改變燈
具的高度。鏈條的吊環並未焊死，
用老虎鉗就能把吊環打開或合上。

調整鏈條長度時，通常會一併調整
燈線。不管是鏈條或燈線，都會有
白、黑、棕、亮金、亮銀五種顏色。
燈線導體沒有特定顏色，想確認燈
座罩（顏色較深的端頭）是否和火
線（黑色）形成通路，就必須判斷
導體兩端分別接了什麼。

如果本來的燈泡是白熾燈泡，建議
可以換成省電燈泡，這樣不但更省
電，甚至以後都不必再換燈泡。

叫修之前，可先這麼做

要安全拆掉破燈泡，可以拿一顆
沒煮熟的馬鈴薯，將馬鈴薯插進
還留在燈座上的玻璃碎片，再轉
個幾圈就行了。但馬鈴薯會導電，
所以拆燈泡前記得先切斷電源。

想騰出雙手順便修理接線盒裡的
線路，有另一招可以用：把衣架
掰直後，在兩端各折一個倒勾，
就能用來把鏈條和燈具勾在接線
盒上。

立燈及桌燈 FLOOR & TABLE LAMPS

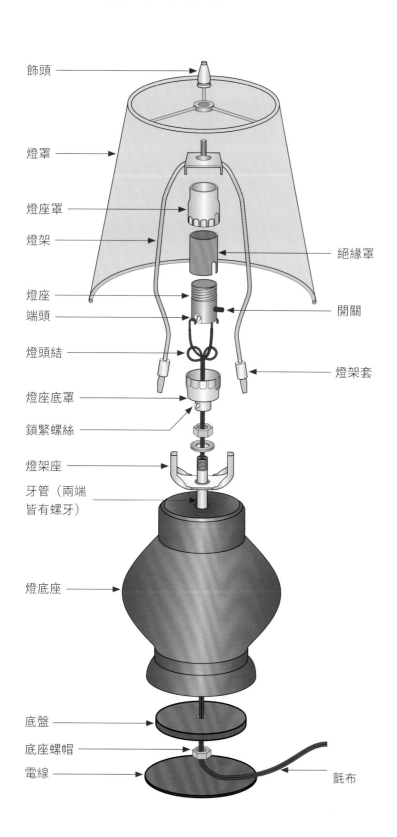

飾頭

燈罩

燈座罩

燈架

絕緣罩

燈座

端頭

開關

燈頭結

燈架套

燈座底罩

鎖緊螺絲

燈架座

牙管（兩端
皆有螺牙）

燈底座

底盤

底座螺帽

電線

氈布

立燈及桌燈如何運作？

天底下最過癮的事，大概就是修好壞
掉的舊式檯燈了。在家用五金量販店
可以買到所有維修零件，要修理圖中
這種燈並不難。

如圖所示，燈座上的電線會穿過底座
上的牙管，有些設計會直接將電線露
在外面。

叫修之前，可先這麼做

修理桌燈和立燈時，最常做的事就是
換電線。電線可能會因為老化而折
損，或者被狗啃壞、被吸塵器壓壞。
最簡便的修理方法，是買一條顏色和
長度與舊電線相同的延長線，再剪掉
延長線母端即可。

將延長線裁過的一端穿入牙管底座
側，從另一端拉出後再穿入燈座罩，
接著用美工刀將電線前端約 15 公分
剝成兩股，再剝開兩股最前端約 1.6
公分的絕緣皮。將兩股線打成圖中的
燈頭結，並將裸露的部分纏繞在螺絲
端頭上。

插頭窄銅片側的一股必須纏在顏色
較深的螺絲端頭上。因此在電線穿過
牙管之前，最好先用簽字筆在窄銅片
側電線上作記號，方便事後區分。

另一個較常壞的零件是燈座。燈座樣
式眾多，上五金賣場時，記得帶上舊
燈座。

日光燈 FLUORESCENT LAMP

日光燈如何運作？

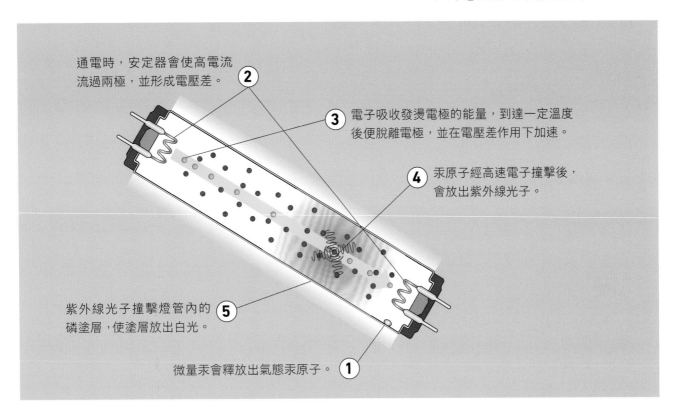

通電時，安定器會使高電流流過兩極，並形成電壓差。 ②

③ 電子吸收發燙電極的能量，到達一定溫度後便脫離電極，並在電壓差作用下加速。

④ 汞原子經高速電子撞擊後，會放出紫外線光子。

紫外線光子撞擊燈管內的磷塗層，使塗層放出白光。 ⑤

微量汞會釋放出氣態汞原子。 ①

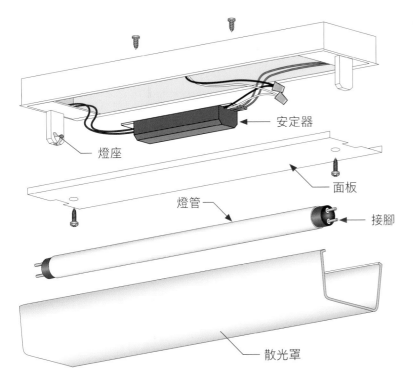

安定器

燈座

面板

燈管

接腳

散光罩

叫修之前，可先這麼做

如果燈管只會閃爍但無法全亮，請先拆掉燈管，用砂紙磨一下接腳，再裝回燈管。如果沒有改善，請更換燈管。

如果燈管不亮，連閃爍都沒有，但燈具上有啟動器（小型插入式圓柱體），請關閉電源並更換啟動器。如果燈管仍然不亮，再更換燈管。

如果燈管一端變黑，可將燈管轉個方向再裝回去。如果燈管兩端都變黑，請更換燈管和啟動器。

如果燈具上有啟動器，燈管又只有兩端會亮，請更換啟動器。

省電螢光燈泡 COMPACT FLUORESCENT LAMP

省電螢光燈泡如何運作？

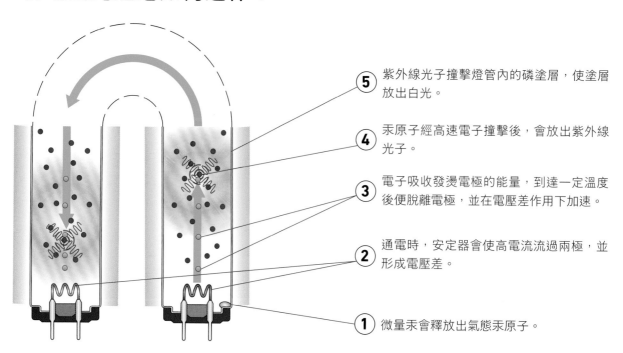

⑤ 紫外線光子撞擊燈管內的磷塗層，使塗層放出白光。

④ 汞原子經高速電子撞擊後，會放出紫外線光子。

③ 電子吸收發燙電極的能量，到達一定溫度後便脫離電極，並在電壓差作用下加速。

② 通電時，安定器會使高電流流過兩極，並形成電壓差。

① 微量汞會釋放出氣態汞原子。

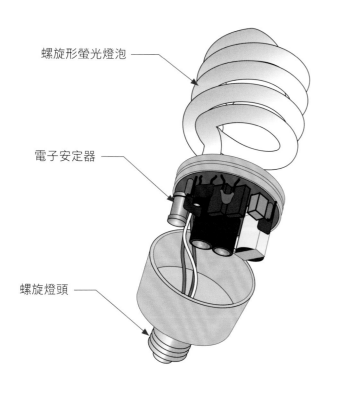

螺旋形螢光燈泡

電子安定器

螺旋燈頭

叫修之前，可先這麼做

如果燈泡不亮，請更換燈泡。

如果新燈泡不亮，請重新啟動用來控制燈泡電路或插座的斷路器。

如果燈泡裝在立燈或桌燈裡，請換個插座插上插頭。如果燈泡仍然不亮，表示燈壞掉。修理方式請見第 76 頁「叫修之前，可先這麼做」。

如果燈泡裝在由牆壁開關控制的燈具裡，請先關閉電源，再將燈座的中央金屬片向上扳。

如果燈泡仍然不亮，請更換牆壁開關。修理方式請見第 69 頁「叫修之前，可先這麼做」。

LED 燈泡　LED LAMP

LED 燈泡如何運作？

發光二極體（LED）為包覆半導體材料的小型器材。當 LED 通入電壓後，電流只會從陽極（正極導線）流入陰極（負極導線），不會反向流動。電子流過半導體接面後，會由高能量態降至低能量態，同時放出攜帶能量的光子（光）。

依半導體材料種類而定，光子會呈現紅、綠、藍其中一種顏色。紅光、綠光、藍光 LED 結合後可得白光 LED，或如左圖所示，在藍光 LED 上塗上一層黃磷後即可將藍光轉為白光。

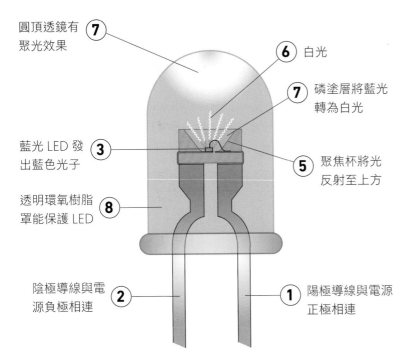

圓頂透鏡有聚光效果 ⑦

⑥ 白光

⑦ 磷塗層將藍光轉為白光

藍光 LED 發出藍色光子 ③

⑤ 聚焦杯將光反射至上方

透明環氧樹脂罩能保護 LED ⑧

陰極導線與電源負極相連 ②

① 陽極導線與電源正極相連

替換用LED燈泡

整排透鏡後方裝有許多單獨 LED。⑩

燈泡內的 AC／DC 整流器能提供 LED 直流電電源。⑪

螺旋燈頭 ⑨

叫修之前，可先這麼做

如果燈泡不亮，請更換燈泡。

如果新燈泡不亮，請重新啟動用來控制燈泡電路或插座的斷路器。

如果燈泡裝在立燈或桌燈裡，請換個插座插上插頭。如果燈泡仍然不亮，表示燈壞掉。修理方式請見第 76 頁「叫修之前，可先這麼做」。

如果燈泡裝在由牆壁開關控制的燈具裡，請務必先關閉電源，再將燈座的中央金屬片向上扳。

如果燈泡仍然不亮，請更換牆壁開關。修理方式見第 69 頁「叫修之前，可先這麼做」。

一氧化碳偵測器 CO DETECTOR

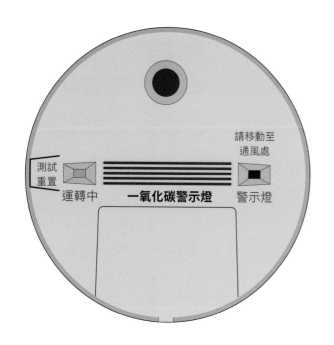

測試
重置

運轉中　**一氧化碳警示燈**

請移動至
通風處

警示燈

一氧化碳偵測器如何運作？

市面上最常見的一氧化碳（CO）偵測器，內部
會發生以下化學反應：

$$CO + H_2O \Rightarrow CO_2 + 2H^+ + 2e^-$$

此一化學反應只會在含電極與電解質（具導電性
的液體或膠體）的偵測器元件中發生。偵測器基
本上與外界隔絕，但內壁覆有通氣膜，能使偵測
器內外的一氧化碳、二氧化碳和氧氣自由進出。

過程中會消耗的只有氣體，因此偵測器的使用年
限很長。

⑥ 一氧化碳達一定濃度，且濃度維
持一定時間時，便會啟動偵測器
警報器，其觸發條件包括：

90 分鐘內維持 100 ppm
35 分鐘內維持 200 ppm
15 分鐘內維持 400 ppm

一氧化碳分子通過透
氣膜後，在水中與氧
原子反應，最後被氧
化為二氧化碳，同時
釋放出兩個氫離子。

②

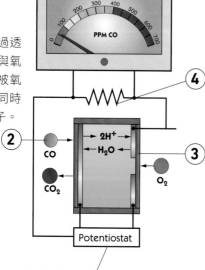

PPM CO

④

陽離子流產生時，會
驅動電極導線上的電
子，形成大小相同、
方向相反的電子流。
電流經過電阻後，會
在兩側形成電壓降落。

③ 氫離子移動至對向電
極，並再次與氧原子
結合為水分子。

由電池驅動的恆電位儀，
能使三個電極之間的電壓
（驅動力）維持恆定。

①

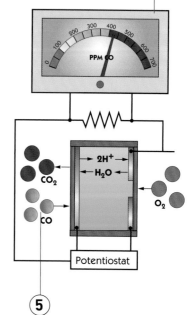

PPM CO

Potentiostat

⑤

反應次數和電流強度，與空氣
中的一氧化碳濃度成正比。

電池式煙霧偵測器 BATTERY SMOKE DETECTOR

電池式煙霧偵測器如何運作？

煙霧偵測器分有兩種：光電式和離子式偵測器。

當裝有光電式煙霧偵測器的房間變暗時，偵測器會放射出光線。光被煙霧分子反射後，會在偵測器元件內引發電流並啟動警報器。這種偵測器適合會產生煙霧的火勢，但並非所有火勢都會產生大量可見的煙霧。

離子式煙霧偵測器能偵測可見或不可見的煙霧。這種偵測器耗電量不大，因此製造成本較低。

電池在離子腔的兩片金屬板間造成電壓差。

基於正負電荷相吸的原理，帶正電離子和電子會被通電金屬板吸引，形成電流。

6 煙霧警報器電路能偵測電流降落，並啟動警報器。

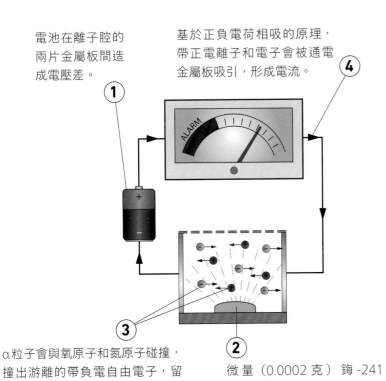

α粒子會與氧原子和氮原子碰撞，撞出游離的帶負電自由電子，留下帶正電的氧、氮離子。

微量（0.0002 克）鋂 -241 輻射元素會不斷放射 α粒子。

煙霧粒子進入離子腔並吸附離子和電子，進而中和粒子電荷，降低電流。

插電式煙霧偵測器 WIRED SMOKE DETECTORS

插電式煙霧偵測器如何運作？

最常使用的煙霧偵測方法，已在上一頁介紹過。

由於大眾常忘記更換電池，因此美國消防法規規定，新房屋皆須安裝插電式煙霧偵測器（110 V）。

此外，所有偵測器都必須互相連接，當其中一個被觸發，就能連帶觸發其他偵測器的警報器。

下圖中，線路上第一個偵測器會透過含地線的非金屬包覆材（NM）14/2 電線供電，接著使用含地線的 NM 14/3 電線與其他偵測器相連。黑白兩色電線用於供電，紅色電線則用於串接警報器。

偵測器可以從既有的插座電路接電，但不能從電燈電路接電，因為線路上不得有 ON ／ OFF 開關。

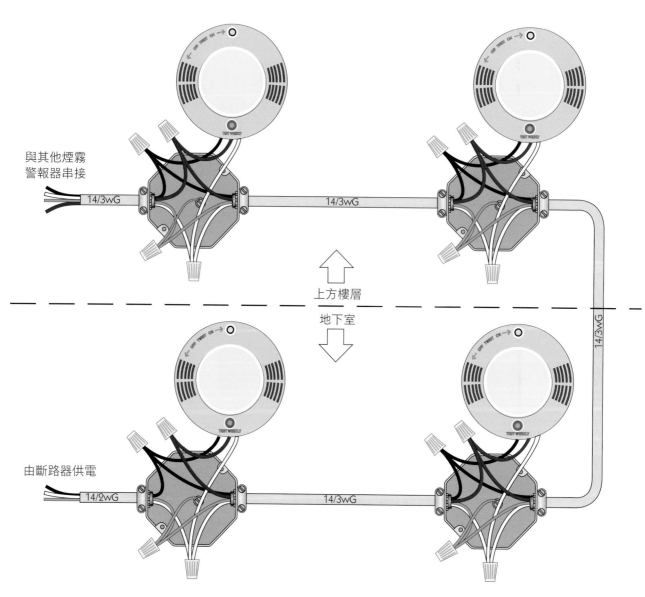

與其他煙霧
警報器串接

14/3wG

14/3wG

上方樓層

地下室

14/3wG

由斷路器供電

14/2wG

14/3wG

美國一般法規要求

通用規定

以下位置必須安裝煙霧偵測器：

- 有人居住的樓層。
- 樓梯底正上方的天花板。
- 寢室外的天花板。

煙霧偵測器必須是電池式或插電式。

每戶必須安裝離子式偵測器、光電式偵測器至少各一具，或安裝一具雙功能煙霧偵測器。

在廚房或者含浴缸或淋浴設備的浴室附近 6 公尺內，只能安裝光電式煙霧偵測器。*

---

* 編注：在台灣，法規建議廚房應選用定溫式偵測器，也免誤報。其他相關規定，可上網搜尋「住宅用火災警報器設置辦法」。

新房屋

除上述一般規定，新房屋中的煙霧偵測器還必須符合以下要求：

- 主要為插電式，同時包含安裝備用電池的空間。
- 所有偵測器必須互相連接，當其中一具偵測到煙霧，便能觸發線路上的其他警報器。
- 每間臥室內都要安裝一具。
- 每個居住樓層中，每 111.48 平方公尺至少要安裝一具。

須安裝偵測器的位置

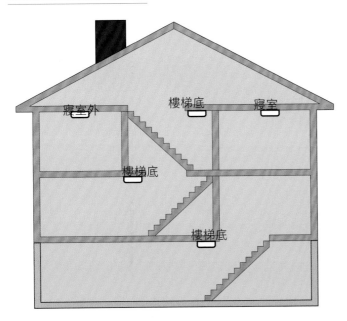

寢室外　　樓梯底　　寢室

樓梯底

樓梯底

叫修之前，可先這麼做

請每週按下每具偵測器的「測試」鈕，直到機器發出警報聲為止，有警報聲就代表機器正常。找另一個人站在離你最遠的偵測器下，聽聽看有沒有警報聲，以便確認每具偵測器確實相連。

每月切斷一次控制偵測器的斷路器，並再檢查一次每具偵測器是否正常。如果有偵測器無法發出警報聲，請打開外殼更換電池。最後，請記得重新啟動斷路器！

換了電池後，如果偵測器還是沒反應，請拿一台型號相同的新偵測器更換。請先確認舊偵測器是純電池式或電池加插電式，是雙功能或單功能式。

智慧住宅 THE SMART HOME

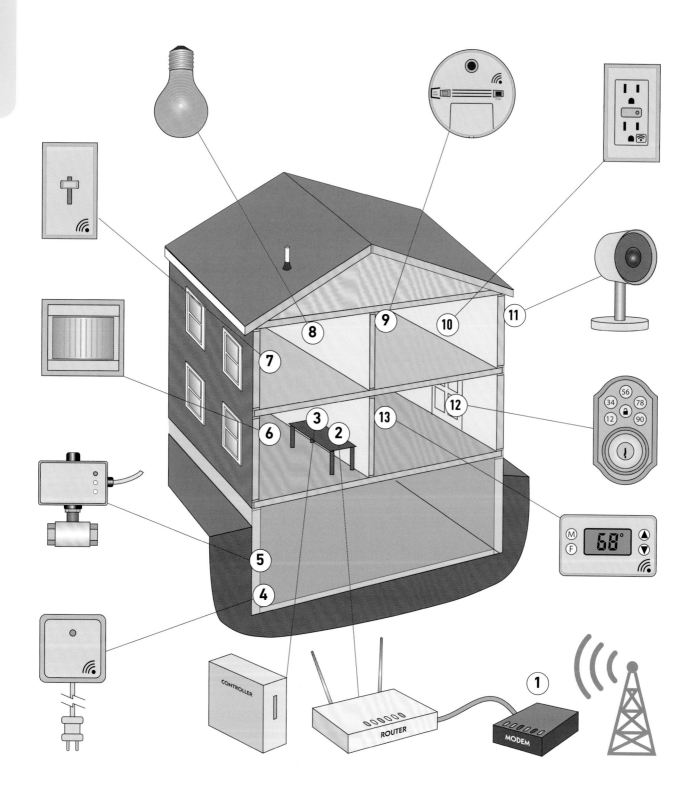

智慧住宅如何運作？

智慧住宅是物聯網應用的最佳範例，所有電子設備都能經由網路互相通訊、控制。一開始，只有愛嘗鮮的科技迷對物聯網感興趣，但人們逐漸發現，物聯網不但能讓生活更方便，應用方式也相當多元。舉例來說，我們只要點幾下智慧型手機，就能從遠端鎖門、開門、啟動監視器、更改溫控器設定、啟動燉鍋、調整燈光顏色。

物聯網市場蓬勃發展後，許多電子產品龍頭業者紛紛開發自家專屬物聯網系統，互別苗頭。商業競爭有輸有贏，消費者如果不想買到會立刻被淘汰的系統，就得注意以下幾點：

- 物聯網系統控制器必須與 Apple iOS 或 Android 智慧型手機相容。
- 所有智慧型裝置都必須經過相容性認證，確定能和物聯網系統控制器相容。
- 物聯網系統控制器業者必須提供 app，讓使用者只需要操作一支智慧型手機，就能控制物聯網中的所有裝置。

左圖介紹了幾款常見的智慧型裝置：

① 物聯網系統一定要連上網路。網路訊號可以經由網路線、衛星或電話線傳入家中的數據機，再對整間房屋發送。

② 物聯網還需要一台路由器。路由器透過網路線連接數據機，讓智慧型手機、電腦和智慧住宅控制器能連上無線網路。

③ 物聯網控制器是智慧住宅的靈魂，能透過無線網路連接所有智慧型裝置。

④ 水位感測器能偵測家中是否淹水。當兩個接點都泡在水中，感測器就會發出警報。

⑤ 關水器在水位感測器發出警報後，會立刻切斷家中的主供水管。

⑥ 動作感應器能偵測移動物體，一旦偵測範圍內出現任何移動物，感應器就會發出警報。可透過多台動作感應器一次監控室內及室外空間。

⑦ 無線調光開關。只要透過智慧型手機，譬如使用亞馬遜推出的 Alexa 語音助理軟體，就能調整光線。

⑧ LED 燈泡。你可以根據你想要的氣氛和活動類型，控制燈泡的亮度和顏色。

⑨ 智慧煙霧偵測器。起火時，偵測器會發出警報，同時通報當地消防隊。

⑩ 智慧插座。你可以遙控開啟或關閉任何插座上的裝置。

⑪ 智慧監視器。你可以使用智慧型手機遠端遙控監視器，執行掃描及錄影功能。

⑫ 智慧門鎖。無論你人在家中或離家千里之外，都能透過智慧型手機開門，讓自己、朋友或維修工人進門。大門附有備用鑰匙，供屋內斷電時使用。

⑬ 智慧溫控器。你可以使用智慧型手機控制冷氣和暖氣的溫度及運轉方式。

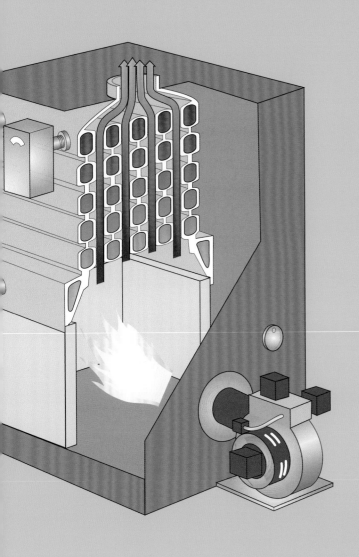

暖房系統

3

HEATING

家中的暖房系統只要品質好、安裝妥善，應該能用上至少 40 年不出問題。不過，暖房系統跟牙齒一樣，不定期保養還是會壞掉。如果要清潔、修理暖氣機或熱水爐，沒有一定專業或特殊工具是辦不到的。反之，如果是簡單的維修保養工作，譬如更換空氣過濾網、調整溫度上下限，或是調整、更換鼓風機皮帶，只需要基本技術和普通工具就可以了。定期保養暖房系統能替你省下一筆能源開銷，更能保持居家環境清新健康，避免黴菌滋生等狀況發生。

想輕鬆處理暖房系統，你只需要做以下兩件事：首先，請按照你家裡的暖房設備類型，閱讀本章的相關說明。其次，請聯絡你的暖房系統和空調廠商，請對方派人告訴你緊急停止開關、燃燒器重置開關、過濾器維修面板、區域控制器、溫控器等元件如何操作。正常來說，維修人員都很樂意助客戶一臂之力，因為他們最不希望在寒冷冬夜接到客戶的緊急電話，不得不在半夜出勤，結果到了客戶家才發現，根本只要按一下燃燒器重置開關就解決了。

瓦斯暖爐 GAS WARM AIR FURNACE

瓦斯暖爐如何運作？

溫控器向瓦斯控制器發出停止加熱訊號後，鼓風機會繼續運轉，直到暖爐內空氣的溫度降至設定下限，風扇溫控開關便切斷鼓風機電源。

暖爐中的空氣達設定溫度的下限時，風扇溫控開關會啟動，並對鼓風機供電。暖爐中的空氣達溫度上限時，風扇溫控開關會向瓦斯控制器送出關閉訊號。

冷卻的回風上升流經熱交換器時，溫度上升。

鼓風機吸入空氣，空氣流過回風管和過濾網。

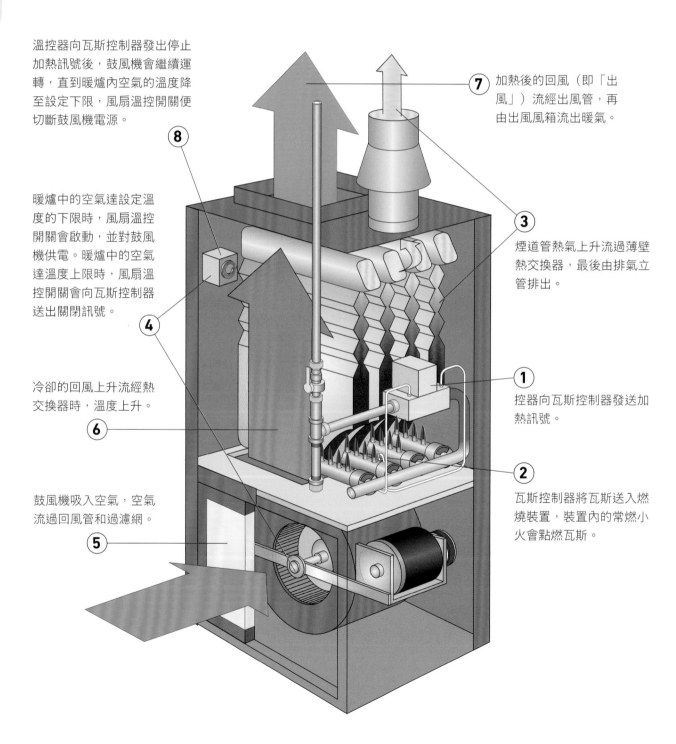

⑦ 加熱後的回風（即「出風」）流經出風管，再由出風風箱流出暖氣。

③ 煙道管熱氣上升流過薄壁熱交換器，最後由排氣立管排出。

① 控器向瓦斯控制器發送加熱訊號。

② 瓦斯控制器將瓦斯送入燃燒裝置，裝置內的常燃小火會點燃瓦斯。

瓦斯熱水爐 GAS HOT WATER BOILER

瓦斯熱水爐如何運作？

循環泵會將已冷卻的回水送入熱交換器，回水重新加熱後，才會流入水循環加熱的配水系統。

5 爐中的水達設定溫度的下限時，水溫控制器會向循環控制器發送訊號，表示已達可循環的水溫。當爐中的水達到設定溫度上限時，水溫控制器會向循環控制器送出關閉訊號。

4 冷卻後的煙道管熱氣在此集中，再經由排氣立管排出。

3 煙道管熱氣上升流過蜂巢狀熱交換器，使爐中的水溫上升，熱氣便隨之冷卻。

1 控器向瓦斯控制器發送加熱訊號。

2 瓦斯控制器將瓦斯送入燃燒裝置，裝置內的常燃小火會點燃瓦斯。

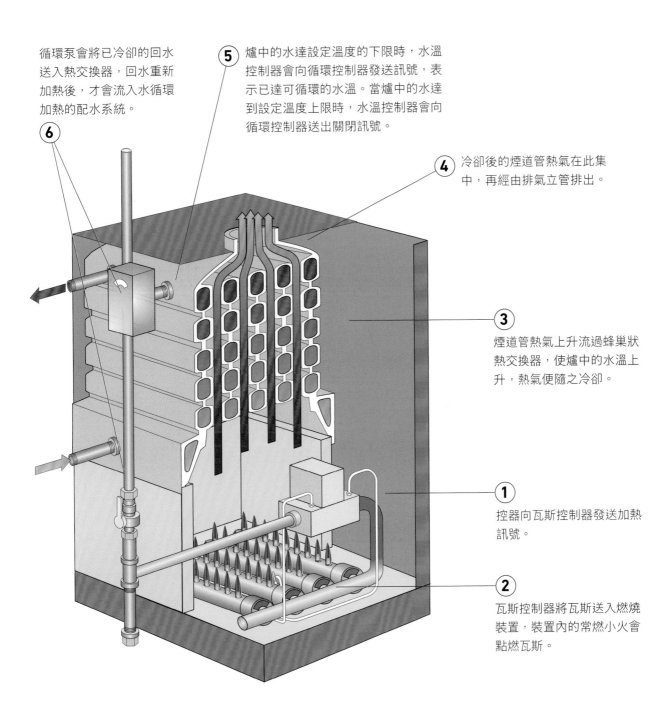

89

燃油暖爐 OIL WARM AIR FURNACE

燃油暖爐如何運作？

① 各區的溫控器向燃油燃燒器發送加熱訊號。

⑥ 經加熱後的回風（即「出風」）流經出風管，再由出風風箱流出暖氣。

③ 煙道管熱氣上升流過薄壁熱交換器，最後由排氣立管排出。

⑤ 鼓風機吸入空氣，空氣流過回風管和熱交換器後，溫度上升。

④ 暖爐中的空氣達設定溫度下限時，風扇溫控開關會啟動，並對鼓風機供電。暖爐中的空氣達設定溫度上限時，風扇溫控開關會關閉燃燒器。

⑦ 溫控器向燃油燃燒器發出停止加熱訊號後，鼓風機會繼續運轉，直到暖爐內空氣的溫度降至設定下限，接著風扇溫控開關切斷鼓風機電源。

② 燃燒器將燃油霧化噴入燃燒室中，油氣經燃燒器的高電壓電極點燃。燃燒器的光電元件如果幾秒內偵測不到火焰，就會關閉燃燒器。

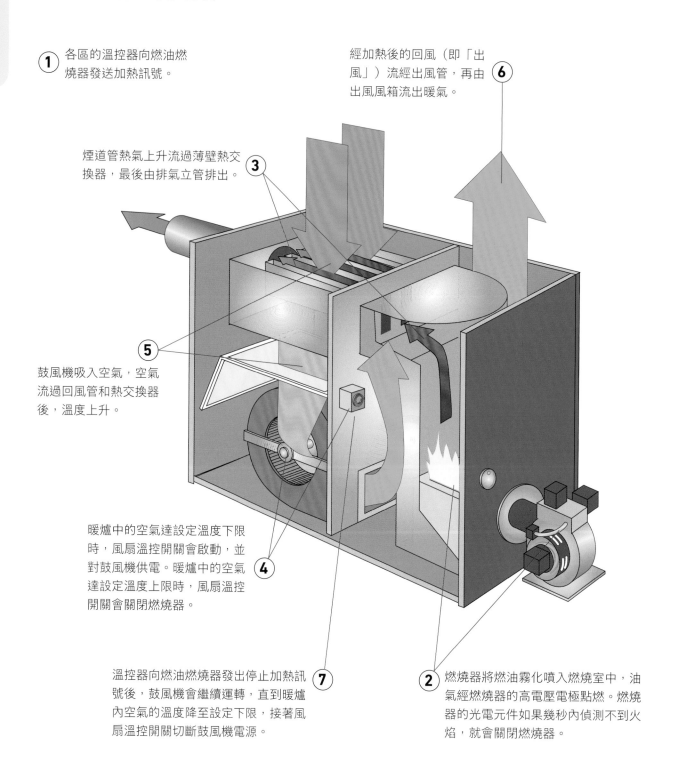

燃油熱水爐 OIL HOT WATER BOIER

燃油熱水爐如何運作？

1 各區的溫控器向燃油燃燒器發送加熱訊號。

爐中的水達設定溫度下限時，水溫控制器會向循環控制器發送訊號，表示水溫已達可循環的水溫。當爐中的水達設定溫度上限時，水溫控制器會向循環控制器送出關閉訊號。

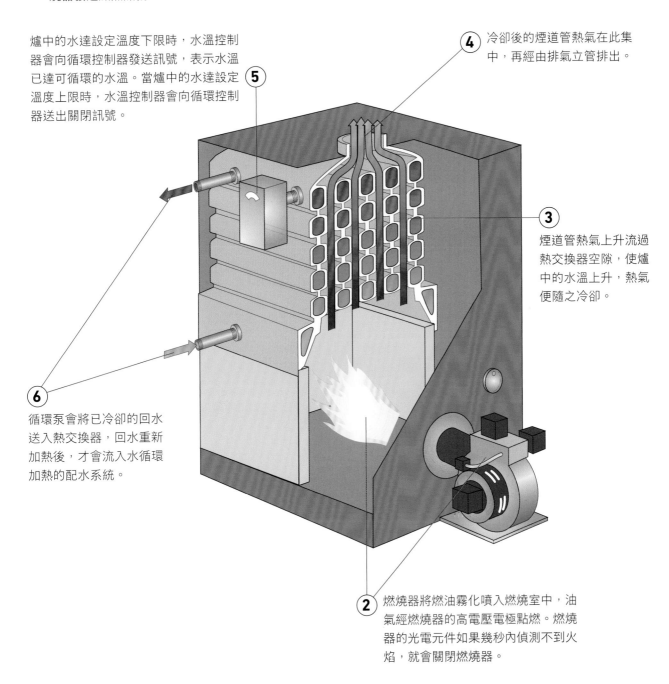

4 冷卻後的煙道管熱氣在此集中，再經由排氣立管排出。

3 煙道管熱氣上升流過熱交換器空隙，使爐中的水溫上升，熱氣便隨之冷卻。

6 循環泵會將已冷卻的回水送入熱交換器，回水重新加熱後，才會流入水循環加熱的配水系統。

2 燃燒器將燃油霧化噴入燃燒室中，油氣經燃燒器的高電壓電極點燃。燃燒器的光電元件如果幾秒內偵測不到火焰，就會關閉燃燒器。

燃油燃燒器 OIL BURNER

燃油燃燒器如何運作？

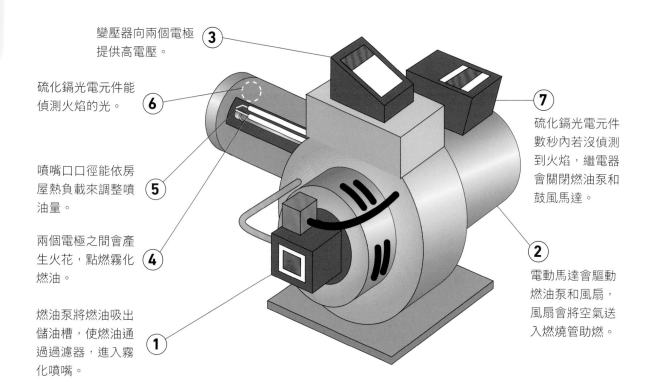

變壓器向兩個電極提供高電壓。**③**

硫化鎘光電元件能偵測火焰的光。**⑥**

噴嘴口口徑能依房屋熱負載來調整噴油量。**⑤**

兩個電極之間會產生火花，點燃霧化燃油。**④**

燃油泵將燃油吸出儲油槽，使燃油通過過濾器，進入霧化噴嘴。**①**

⑦ 硫化鎘光電元件數秒內若沒偵測到火焰，繼電器會關閉燃油泵和鼓風馬達。

② 電動馬達會驅動燃油泵和風扇，風扇會將空氣送入燃燒管助燃。

叫修之前，可先這麼做

如果暖爐完全點不著，甚至連運轉聲都沒有，請先檢查主配電箱或副配電箱的暖爐斷路器或保險絲，再檢查暖爐機身或外接的開關。

如果暖爐會發出運轉聲，火卻點不著，請檢查儲油槽中的油量。如果油量不到 1/8 滿，表示油表指針可能指到底了，換句話說，油差不多用完了。如果油槽還有油，請按下燃燒器上的紅色重啟鈕。如果暖爐還是沒動靜，請立刻叫修。

如果爐火燒一下（火焰會發出燃燒聲）就馬上熄掉，表示燃油過濾器（見下一頁）可能阻塞，需要換新，供油管也可能有空氣殘餘，需要放氣。

換燃油過濾器和替供油管放氣並不難，跟替汽車換汽油過濾器差不多。如果你想自己動手換，可見下一頁，或上 YouTube 看相關教學影片。

換了過濾器，也放完氣，如果燃燒器還是沒反應，表示硫化鎘元件、變壓器等其他元件出問題，請立刻叫修。以後到了冬季，就盡早找人來保養暖爐或熱水爐！

燃油過濾器 FUEL OIL FILTER

最常見的過濾器類型

中央螺栓隔著橡膠墊片固定住上蓋和下部。

燃油從儲油槽流入過濾器。

燃油在推力作用下流過纖維濾芯。

過濾器內充滿燃油。

有些上蓋會設置放氣螺絲。

乾淨的油流入燃燒器。

過濾後的油流入篩網中。

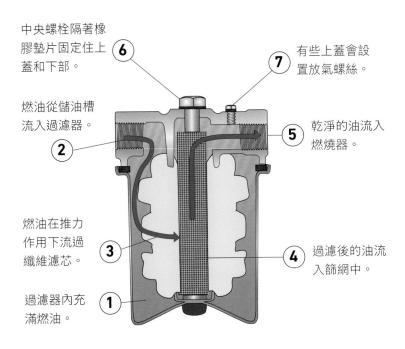

替供油管放氣

轉開進油閥。

按下燃燒器重啟鈕。

將放氣口轉鬆一圈。

燃油流光後，鎖好放氣口。

在放氣口下方準備水瓶，以接住噴出的燃油或氣體。

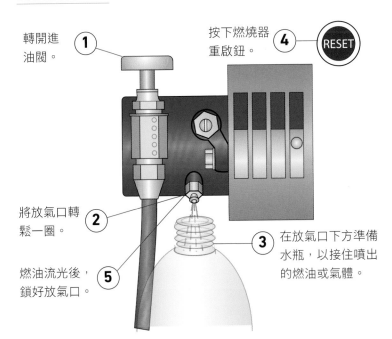

燃油過濾器如何運作？

燃油的暖爐和熱水爐會使用同類型的燃燒器，一進入冬季就要盡早請人保養。一般而言，機械或電子元件不必每次都換，只有燃油過濾器例外，每保養一次就要換一次。

燃油容易變髒，主要是儲油槽濕氣太重。另外，儲油槽底部也會積水（因為水比油重），導致油槽生鏽、長出黏稠狀的黑色黴斑。

先看燃油過濾器。過濾器通常裝在油槽或燃燒器裡，燃油進入燃燒器之前，一定會流過過濾器。如果油用光或過濾器阻塞，燃燒器就會吃不到油，最後完全點不著。

換過濾器不難，但很容易弄得全身髒兮兮，因為更換過程中既得清洗過濾器、換濾芯，還得將元件裝回去，並為連接到燃油泵的管路放氣。

YouTube 上有一些更換的教學影片，可以先看一看。如果你非親自動手不可，最好先請師傅帶你操作所有步驟一次，並邊操作邊抄下步驟，再問師傅合適的濾芯要去哪裡買。

換掉過濾器之後，雖然你還是得找有證照的師傅清理保養整個暖房系統，但你至少已經省下不少開銷了。

氣源熱泵 AIR-SOURCE HEAT PUMP

氣源熱泵* 如何運作？

R-410A冷媒

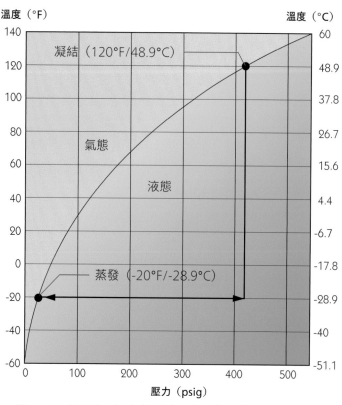

溫度（°F）　　　　　　　　　　　　　溫度（°C）

凝結（120°F/48.9°C）

氣態

液態

蒸發（-20°F/-28.9°C）

壓力（psig）

注：psig 係指磅／平方英吋表壓力。常壓大氣為 15 psi，壓力表能測出大於或小於常壓的氣壓值，而常壓在壓力表上會顯示為 0 psig。

水在常壓下的沸點（由液態變為氣態的溫度）是 100°C，沸點會隨氣壓變大而上升（像在壓力鍋那樣），變為水蒸氣時會吸收許多熱量（皮膚沾到水時，風一颳會感覺冰涼，就是水蒸發會吸收熱）。只要具備這些知識，你就能明白冰箱、冷氣和熱泵的原理了。

如圖所示，R-410A 冷媒在溫度 -20°F（-28.9°C）、壓力 27psig 時，會變為氣態。如果壓力提高到 420 psig，冷媒的沸點就會上升到 120°F（48.9°C）左右。

當熱泵裡的冷媒被吸入壓縮機（見右頁上圖），且被加壓至 420 psig，沸點會因此提高到 120°F（48.9°C）左右。

接著，經壓縮的溫熱氣態冷媒排出，流過室內的熱交換器。室內風扇會朝盤管吹，帶出熱風，並使冷媒溫度下降至凝結溫度，由氣態變回液態。

溫熱的液態冷媒流進入膨脹閥，流向一樣裝有風扇的室外熱交換器。膨脹閥會將壓力降至 30 psig，使液態冷媒在溫度 -20°F（-28.9°C）汽化（蒸發）。再經由室外熱交換器，讓冷媒吸收室外空氣的熱。

這時，冷卻的氣態冷媒會再度被吸入壓縮機，並重複上述循環。

叫修之前，可先這麼做

如果熱泵完全無法運轉，請先檢查電源斷路器或保險絲。

如果熱泵可以運轉，但暖房和冷房效果變差，請檢查內部的過濾器以及泵內外的熱交換盤管。此外，不要讓樹叢的枝葉擋住進氣口。

---

* 審訂注：台灣一直有發展熱泵系統，但因氣候不需要大量暖氣，所以熱源多發展在熱水器與冷氣的結合。

暖房模式

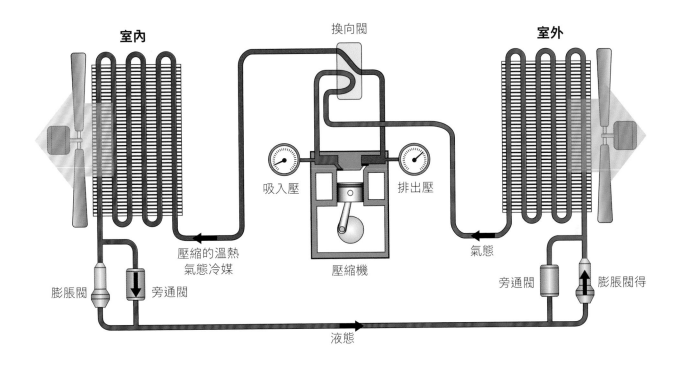

室內　　　　　　　換向閥　　　　　　　　室外

吸入壓　　　　　排出壓

壓縮的溫熱
氣態冷媒　　　　壓縮機　　　　氣態

膨脹閥　　　　旁通閥　　　　　　　　旁通閥　　膨脹閥得

液態

冷房模式

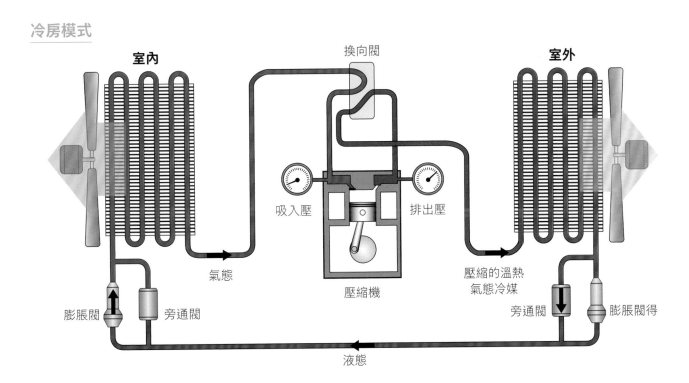

室內　　　　　　　換向閥　　　　　　　　室外

吸入壓　　　　　排出壓

氣態　　　壓縮機　　　壓縮的溫熱
氣態冷媒

膨脹閥　　　　旁通閥　　　　　　　旁通閥　　膨脹閥得

液態

地源熱泵 GROUND-SOURCE HEAT PUMP

垂直式地埋管

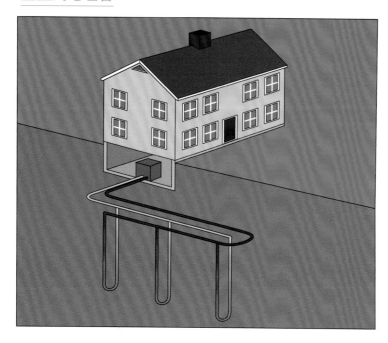

彈簧式地埋管

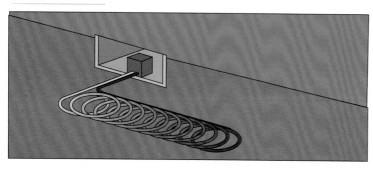

水平式地埋管

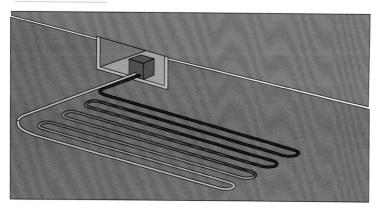

地源熱泵如何運作？

地源熱泵和先前介紹的氣源熱泵大同小異，唯一的差別是地源熱泵交換熱量的對象並非室外空氣，而是土地。

土地的熱含量相當大。室外空氣的溫度可能上至 37.8°C 下至 -34.4°C，但深度達到或超過 6 公尺的土地，溫度基本上等於當地氣溫年均溫，約 7.2-15.6°C（美國多數南方州除外）。

熱泵效率與熱源溫度息息相關，因此在氣溫偏低的月分中，地源熱泵的效率遠比氣源熱泵高得多。多數北方州的供暖季效能係數（HSPF，即每單位消耗電能可轉換為多少熱能）落在 250-350%。一般而言，除了某些瓦斯價格低或電價高的地區，地源熱泵是最經濟實惠的暖通空調系統。

不過，地源熱泵的轉換效率是用錢砸出來的。地源熱泵的裝機費可高出瓦斯或燃油系統五倍之多，主要花在地底埋的管線（地埋管）。最常見的地埋管如左圖的「彈簧式」，費用最低，但效率最差。如果房屋占地面積夠大，裝設「水平式」效率最高。要是面積不夠大，就只能選擇「垂直式」。

冬季暖房模式

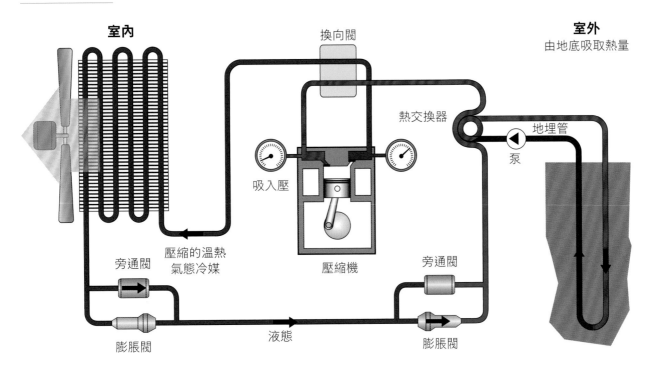

室內

換向閥

室外
由地底吸取熱量

熱交換器

吸入壓

地埋管

泵

壓縮的溫熱
氣態冷媒

壓縮機

旁通閥

旁通閥

膨脹閥

液態

膨脹閥

夏季冷房模式

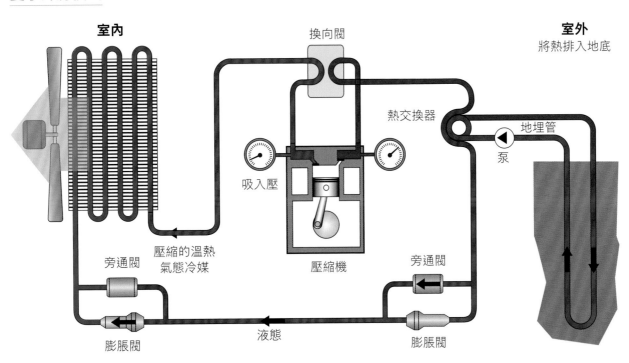

室內

換向閥

室外
將熱排入地底

熱交換器

吸入壓

地埋管

泵

壓縮的溫熱
氣態冷媒

壓縮機

旁通閥

旁通閥

膨脹閥

液態

膨脹閥

無通風瓦斯加熱爐 VENTLESS GAS HEATER

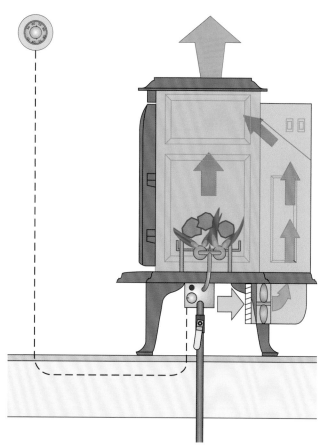

無通風瓦斯加熱爐如何運作？

無通風和直接通風的瓦斯加熱爐差別在於，後者內部的空氣和燃燒廢氣會流出室外，但前者的廢氣會直接排進室內。

無通風瓦斯加熱爐的問題主要有兩個：

- 室內濕氣會變重（水氣是天然氣燃燒後的兩種主產物之一），更容易長黴。
- 天然氣燃燒不完全時會生成一氧化碳，過量時有致命之虞。

無通風加熱爐會讓相對濕度增加 10-15%。冬天時，住家內部通常偏乾燥，因此濕度提高也無所謂，除非是通風不良的新房子才會有問題。

現代式無通風加熱爐能偵測空氣中的氧氣濃度，以免產生過量一氧化碳。當氧氣濃度低於安全程度，暖爐會關閉供氣管。具體操作方式見下頁。

無通風瓦斯加熱爐的建議尺寸

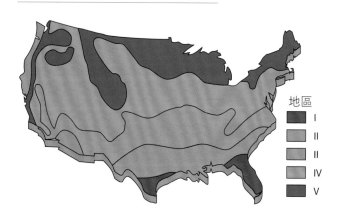

地區
- I
- II
- II
- IV
- V

每小時英熱單位（BTUH）/ 每立方英呎 *			
地區	房屋通風效果		
	良好	普通	不佳
I	2.3	1.9	1.5
II	3.4	2.2	1.8
III	4.3	2.6	2.2
IV	5.4	3.2	2.4
V	5.4	3.2	2.7

*前提為加熱爐設有自動溫控器。

缺氧偵測器

正常運作模式

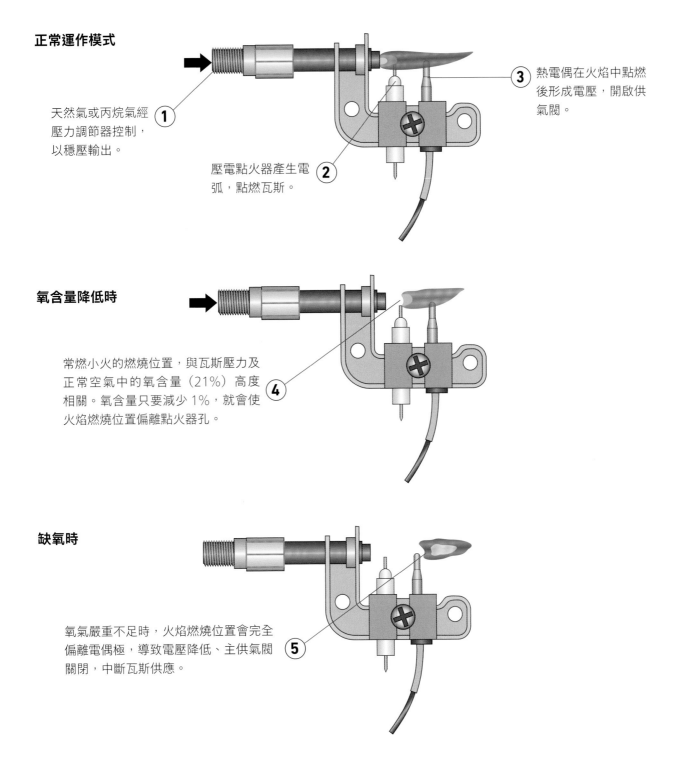

天然氣或丙烷氣經壓力調節器控制，以穩壓輸出。

①

壓電點火器產生電弧，點燃瓦斯。

②

熱電偶在火焰中點燃後形成電壓，開啟供氣閥。

③

氧含量降低時

常燃小火的燃燒位置，與瓦斯壓力及正常空氣中的氧含量（21%）高度相關。氧含量只要減少 1%，就會使火焰燃燒位置偏離點火器孔。

④

缺氧時

氧氣嚴重不足時，火焰燃燒位置會完全偏離電偶極，導致電壓降低、主供氣閥關閉，中斷瓦斯供應。

⑤

直接通風瓦斯加熱爐 DIRECT-VENT GAS HEATER

直接通風瓦斯加熱爐如何運作？

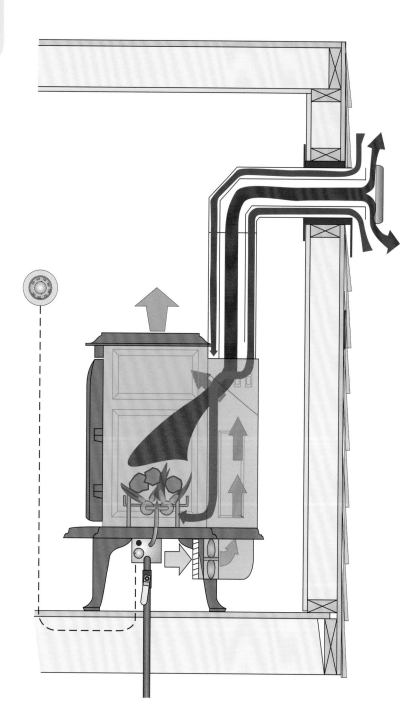

直接通風瓦斯加熱爐不需要裝設煙囪管。溫熱的燃燒廢氣會經由內管流出室外，同時空氣會由室外流入管路外夾層，冷卻內管。冷卻過程中空氣會變熱，燃燒廢氣則會冷卻。

冬季時，暖爐內會維持常燃小火，能隨時接收溫控器發出的加熱訊號。缺氧偵測器會偵測常燃小火的焰型，一旦氧氣不足，偵測器就會關閉主供氣閥。

如圖所示，可藉由自然對流或小風扇送風來暖房。

叫修之前，可先這麼做

常燃小火熄滅時，請先檢查瓦斯是否還有剩，並確定供氣閥全部打開了。

如果瓦斯用的是丙烷或壓縮天然氣，請檢查儲氣槽是否空了。

請仔細按照使用手冊上的步驟，試著重新點燃常燃小火。如果試點幾次後還是點不著，請聯絡加熱爐廠商或瓦斯供應商。切勿自行執行手冊上未提到的步驟。

如果出現瓦斯味，請聯絡瓦斯公司，絕對不可動手點火！

直接通風瓦斯壁爐 DIRECT-VENT GAS FIREPLACE

直接通風瓦斯壁爐如何運作？

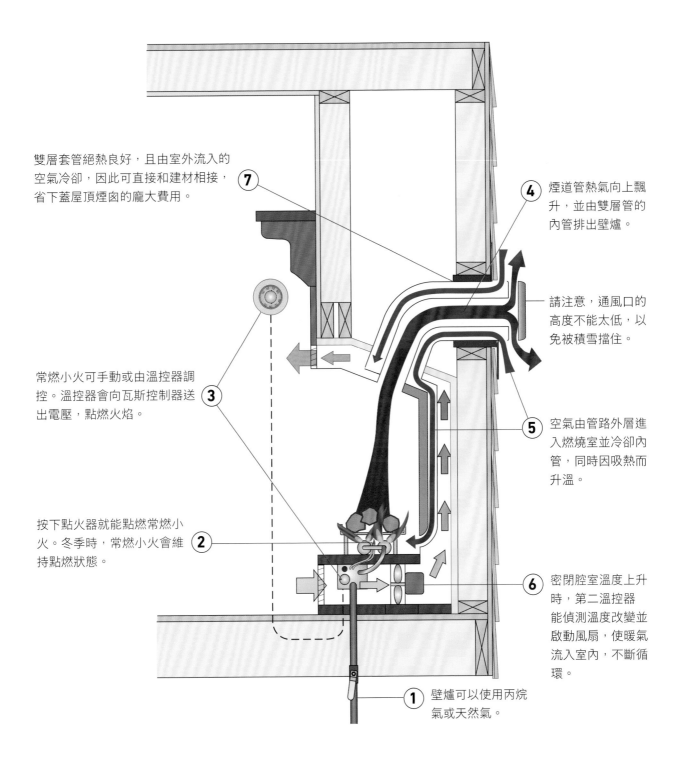

雙層套管絕熱良好，且由室外流入的空氣冷卻，因此可直接和建材相接，省下蓋屋頂煙囪的龐大費用。 **7**

4 煙道管熱氣向上飄升，並由雙層管的內管排出壁爐。

請注意，通風口的高度不能太低，以免被積雪擋住。

常燃小火可手動或由溫控器調控。溫控器會向瓦斯控制器送出電壓，點燃火焰。 **3**

5 空氣由管路外層進入燃燒室並冷卻內管，同時因吸熱而升溫。

按下點火器就能點燃常燃小火。冬季時，常燃小火會維持點燃狀態。 **2**

6 密閉腔室溫度上升時，第二溫控器能偵測溫度改變並啟動風扇，使暖氣流入室內，不斷循環。

1 壁爐可以使用丙烷氣或天然氣。

顆粒燃料爐 PELLET STOVE

顆粒燃料爐如何運作？

室內空氣被對流風扇吹入
熱交換管，再流回室內。

6

螺旋鑽接收溫控器訊號後，
會由馬達驅動，將燃料顆粒
推入燃燒爐中。

2

進料斗位於上方，後方空
間可容納一袋約 18 公斤
的木質顆粒燃料。

1

廢氣流入熱交換管，
再由煙囪流出。

5

透過玻璃面板能
觀察火焰狀況。

7

可手動或使用全自動
電子點火器來點火。

3

空氣被送入燃燒爐
柵，幫助燃燒。

4

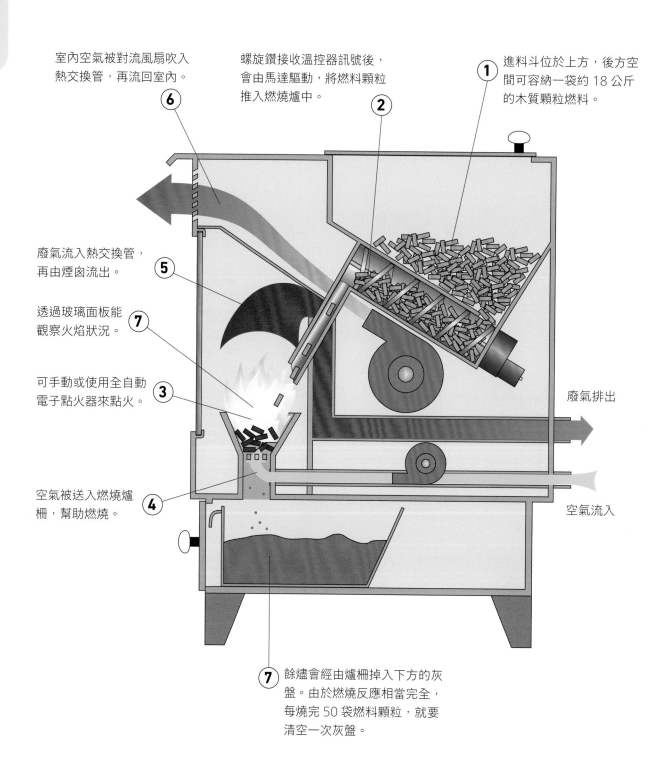

廢氣排出

空氣流入

7 餘燼會經由爐柵掉入下方的灰
盤。由於燃燒反應相當完全，
每燒完 50 袋燃料顆粒，就要
清空一次灰盤。

顆粒燃料爐的通風方式

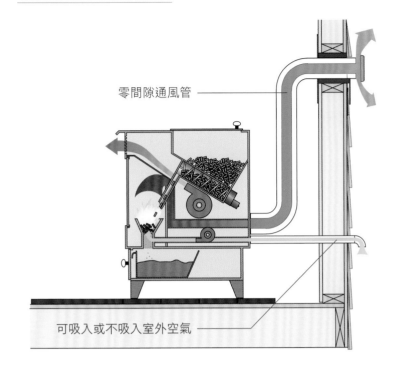

零間隙通風管

可吸入或不吸入室外空氣

顆粒燃料爐吸入及排出氣體時，皆由鼓風機驅動。廢氣並非源於流入的空氣，因此排氣管的口徑無需太大（7.62-10.16公分即可），且可水平鋪設（但最好朝垂直方向鋪設，以因應停電狀況）。

顆粒燃料通風管（L型通風管）是最理想的排氣管，因為這種通風管具有「零間隙」特性，耐用度和暖爐不相上下。

若採用工廠製的柴爐排煙管（Class A管），口徑可加大為 6、7 或 8 吋。不過，柴爐管造價偏高，且大口徑並無必要。

或者，可以使用黏土磚砌成的煙囪當作排氣管，讓廢氣由顆粒燃料通氣管直接排入 Class A 煙囪。

熱含量及燃燒產生的污染

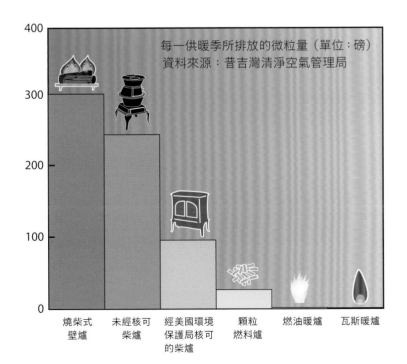

每一供暖季所排放的微粒量（單位：磅）
資料來源：普吉灣清淨空氣管理局

400					
300					
200					
100					
0					
燒柴式壁爐	未經核可柴爐	經美國環境保護局核可的柴爐	顆粒燃料爐	燃油暖爐	瓦斯暖爐

木質顆粒燃料的熱含量每磅 8,000 英熱單位（BTU）左右。假設燃燒率為 100%（請自行替換成實際數字），則一公噸顆粒燃料產生的熱量相當於 0.64「考得」*紅橡木或糖楓或 431.5 公升燃油或 4.53 立方公尺天然氣或 4,700kWh 的電。

木質顆粒燃料由木質纖維組成，燃燒時通常會產生煙霧，多少會引發疑慮。不過，顆粒燃料的濕度僅 5-10%，比氣乾材的 20% 還低，若爐內的條件控制得宜，更能拉高燃燒率。如左圖所示，顆粒燃料爐產生的微粒（煙霧）遠比其他類型的固態燃料燃燒器還少。

* 譯注：cord，美加地區的木頭堆的單位，1考得的長寬高各為 122 x 244 x 122 公分（4x8x4 呎）。

氣密式柴爐 AIR-TIGHT WOOD STOVE

氣密式柴爐如何運作？

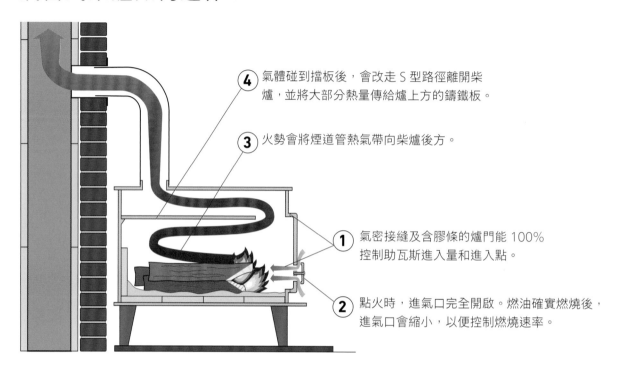

4 氣體碰到擋板後，會改走 S 型路徑離開柴爐，並將大部分熱量傳給爐上方的鑄鐵板。

3 火勢會將煙道管熱氣帶向柴爐後方。

1 氣密接縫及含膠條的爐門能 100% 控制助瓦斯進入量和進入點。

2 點火時，進氣口完全開啟。燃油確實燃燒後，進氣口會縮小，以便控制燃燒速率。

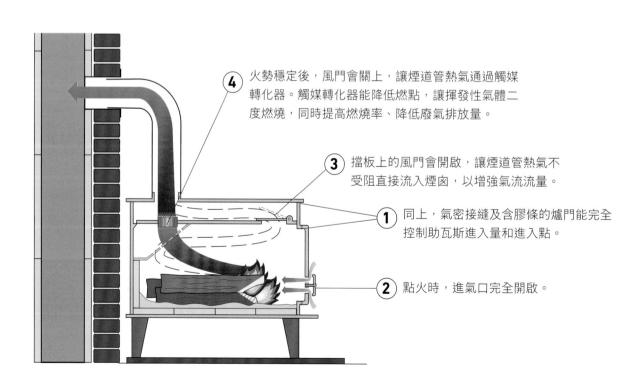

4 火勢穩定後，風門會關上，讓煙道管熱氣通過觸媒轉化器。觸媒轉化器能降低燃點，讓揮發性氣體二度燃燒，同時提高燃燒率、降低廢氣排放量。

3 擋板上的風門會開啟，讓煙道管熱氣不受阻直接流入煙囪，以增強氣流流量。

1 同上，氣密接縫及含膠條的爐門能完全控制助瓦斯進入量和進入點。

2 點火時，進氣口完全開啟。

牆腳板電暖器 ELECTRIC BASEBOARD

牆腳板電暖器如何運作？

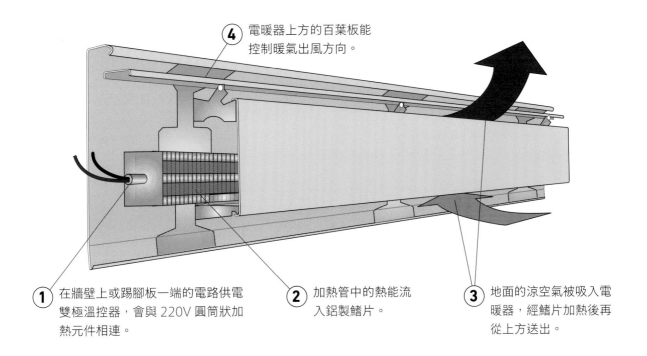

④ 電暖器上方的百葉板能控制暖氣出風方向。

① 在牆壁上或踢腳板一端的電路供電雙極溫控器，會與 220V 圓筒狀加熱元件相連。

② 加熱管中的熱能流入鋁製鰭片。

③ 地面的涼空氣被吸入電暖器，經鰭片加熱後再從上方送出。

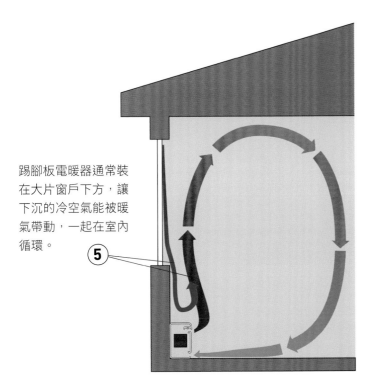

踢腳板電暖器通常裝在大片窗戶下方，讓下沉的冷空氣能被暖氣帶動，一起在室內循環。

⑤

叫修之前，可先這麼做

如果溫控器已經調到最高溫，電暖器還是無法暖房，請檢查主配電箱或保險絲配電箱裡的暖氣機斷路器，將所有斷路器都切斷後再打開。

如果還是沒反應，請換一片長度相同、設計相近的腳踢板暖氣機。動手更換前，記得先切斷斷路器。這種暖氣機通常不貴，更換也不難，跟換電燈開關差不多。

每年用吸塵器清理一次鰭片灰塵，就能讓暖氣維持最大流量。

水循環加熱系統的配置 HYDRONIC DISTRIBUTION

水循環加熱系統如何運作？

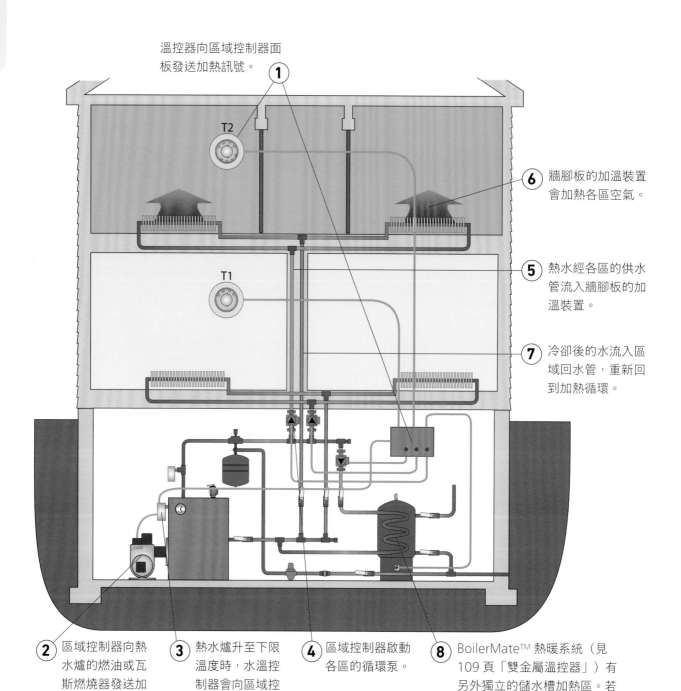

溫控器向區域控制器面板發送加熱訊號。

①

T2

⑥ 牆腳板的加溫裝置會加熱各區空氣。

T1

⑤ 熱水經各區的供水管流入牆腳板的加溫裝置。

⑦ 冷卻後的水流入區域回水管，重新回到加熱循環。

② 區域控制器向熱水爐的燃油或瓦斯燃燒器發送加熱訊號。

③ 熱水爐升至下限溫度時，水溫控制器會向區域控制器發送訊號。

④ 區域控制器啟動各區的循環泵。

⑧ BoilerMate™ 熱暖系統（見109頁「雙金屬溫控器」）有另外獨立的儲水槽加熱區。若使用即熱式，則是直接在熱水爐中把水加熱。

暖氣系統的配置 WARM AIR DISTRIBUTION

暖氣系統如何運作？

熱水爐升至下限溫度時，控制
開關會啟動暖爐鼓風機，向各
區吹送暖氣。

3

1 溫控器（T2）向區域控制器面板
發送低電壓加熱訊號。

4 空氣在各區循環並降溫後，會被吸
入各區的回氣管，進入暖爐中的回
風風箱，重新回到加熱循環。

5 請注意，風管經過無隔熱空
間時，必須由密封及絕熱材
包覆。

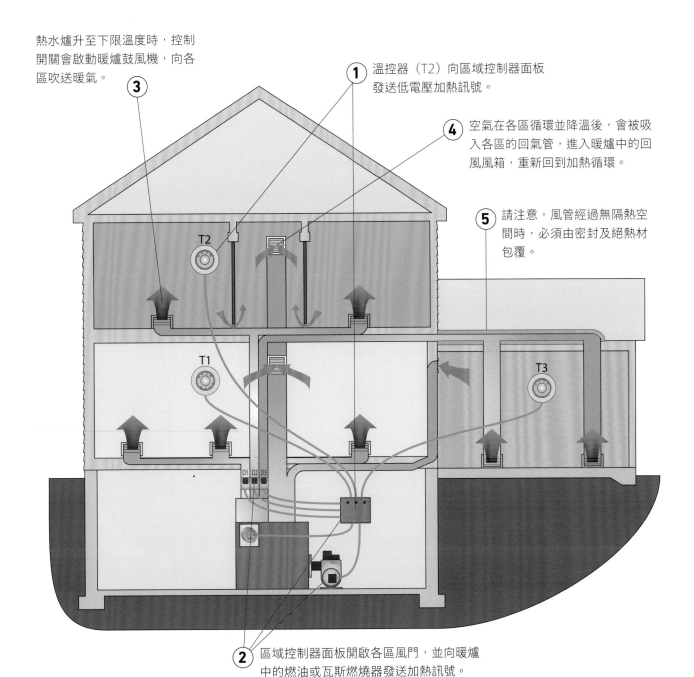

2 區域控制器面板開啟各區風門，並向暖爐
中的燃油或瓦斯燃燒器發送加熱訊號。

熱水暖房系統 HOT WATER RADIANT HEAT

熱水暖房系統* 如何運作？

溫控器向區域控制器
面板發送加熱訊號。

1

熱水在管中流動，均勻加
熱地板。圖中的熱水管有
兩條平行分支。

5

冷卻後的水匯集至各
區的回水管，重新回
到加熱循環。

6

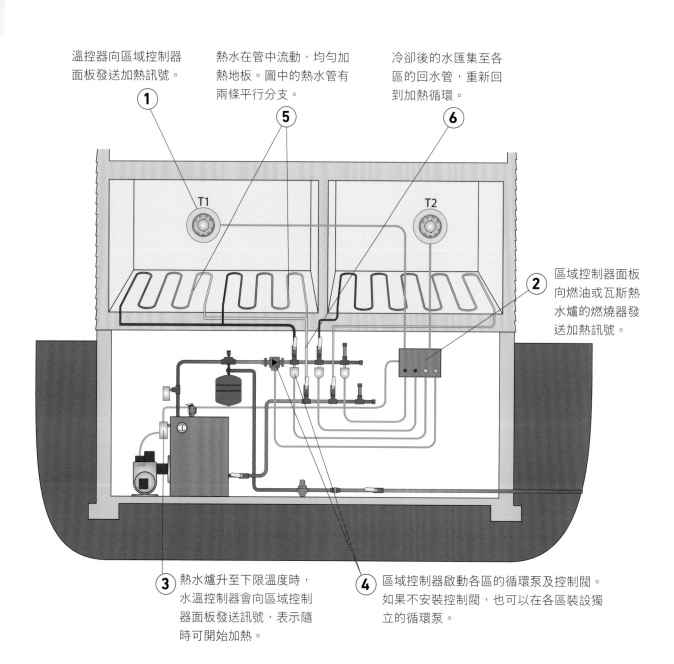

區域控制器面板
向燃油或瓦斯熱
水爐的燃燒器發
送加熱訊號。

2

3 熱水爐升至下限溫度時，
水溫控制器會向區域控制
器面板發送訊號，表示隨
時可開始加熱。

4 區域控制器啟動各區的循環泵及控制閥。
如果不安裝控制閥，也可以在各區裝設獨
立的循環泵。

* 審訂注：這套系統在歐美國家相對常見，熱水可供應
洗澡和暖房之用，是高緯度國家居民的重要設備。

雙金屬溫控器 BIMETALLIC THERMOSTAT

雙金屬溫控器如何運作？

將兩片異質薄長條金屬相疊，環境溫度改變時，兩片金屬條會因熱膨脹係數不同而彎曲。將長條金屬彎成線圈狀後，只要溫度稍微變化幾度，線圈就會大幅旋轉。

應用上述物理現象及水銀的導電性，就能利用溫度來控制電路開關，這就是溫控器的原理。溫控器玻璃管內含水銀珠及兩片電接頭，另一端則與雙金屬線圈相連。溫度升至設定值時線圈會轉動，使水銀珠緩緩滑離接頭，切斷電路。當溫度下降時，線圈會擺回原位，使水銀珠滑回接通電路的位置。

水銀開關

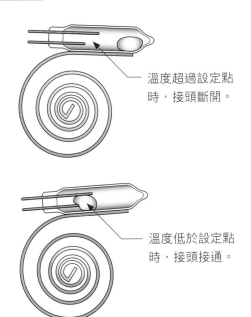

溫度超過設定點時，接頭斷開。

溫度低於設定點時，接頭接通。

溫控器

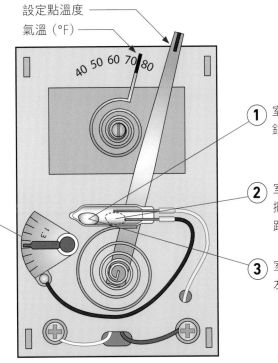

設定點溫度

氣溫（°F）

40 50 60 70 80

流過預測器（一種可變電阻）的電流會在溫控器中生成微熱，可在室溫升至設定點前關閉溫控器，避免暖爐或熱水爐吸收過多熱能，使暖氣溫度超過設定值。

1 室溫位於或高於設定點時，水銀開關斷開。

2 室溫下降時，雙金屬線圈向右擺，使水銀珠向右滑動接通電路，發出加熱訊號。

3 室溫升至設定點時，水銀珠向左滑動斷開電路，停止加熱。

數位溫控器 DIGITAL CLOCK THERMOSTAT

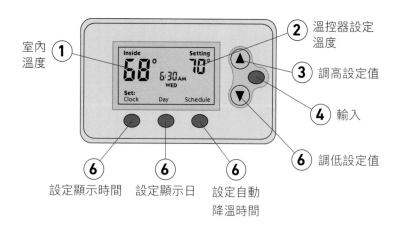

室內溫度 ①
② 溫控器設定溫度
③ 調高設定值
④ 輸入
⑥ 調低設定值

⑥ 設定顯示時間　⑥ 設定顯示日　⑥ 設定自動降溫時間

數位溫控器如何運作？

冬天時，室內外的溫差越大，屋內熱損失的速度就越快。當家中無人或夜間就寢時，溫控器設定值可以調低，以縮小室內外溫差，並節省電費。

根據經驗，調低溫度設定值一整天，每 1°F（約 0.556°C）便能省下約 3% 的電費。如果只有晚上，每 1°F 只能省下 1% 的電費。

一般住家中理想的溫控器設定方式如左圖所示。溫控器最棒的地方，就是能根據個人需求設定溫度。

依理想設定方式可省下的電費，如下圖所示（此圖約省下 15%）。*

---

* 編注：在台灣，可上網搜尋「家庭節約能源寶典」，參考由經濟部指導的節能技巧。

理想降溫設定

升溫 / 降溫 / 每°F/°C）時最省電之設定值 / 根據美國能源之星計畫）

作息時間點	室溫偏熱 (一至五)	室溫偏冷 (一至五)	室溫偏熱 (六、日)	室溫偏冷 (六、日)
起床 (6AM)	70°F / 21.1°C	65°F / 18.3°C	70°F / 21.1°C	75°F / 23.9°C
出門 (8AM)	62°F / 16.7°C	83°F / 28.3°C	62°F / 16.7°C	83°F / 28.3°C
回家 (6PM)	70°F / 21.1°C	75°F / 23.9°C	70°F / 21.1°C	75°F / 23.9°C
就寢 (10PM)	62°F / 16.7°C	83°F / 28.3°C	62°F / 16.7°C	83°F / 28.3°C

依理想自動降溫設定可節省的電費

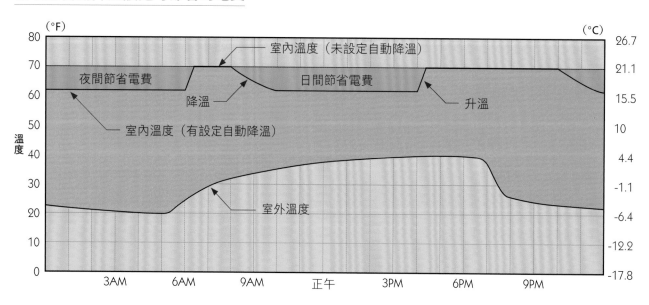

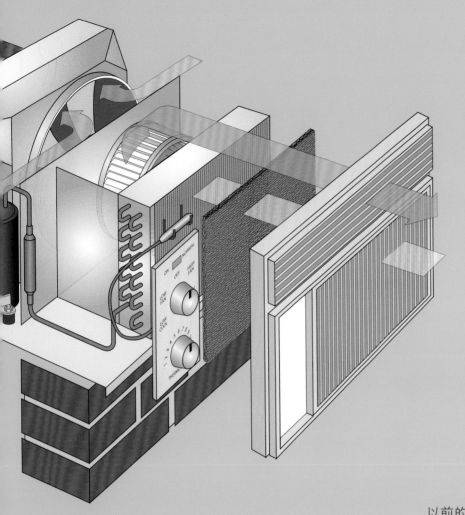

冷房系統

4

COOLING

以前的人沒有冷氣可用，一到夏天只好利用各種原始的方式撐過悶熱的夜晚。現代人已經不是這樣了，只要天氣一熱，大家就理所當然地吹起冷氣。但空調很花錢，而且有時候不見得非開不可。

本章會先解釋何謂「熱舒適度」。人之所以覺得涼快，相關的變因其實很多，不只是溫度計上的數字而已。只要掌握這些變因，很多時候連空調都不用開，就能感覺涼爽。

不過，自然降溫的效果有限，所以本章仍會解說一般空調和中央空調的原理，以及提高空調運作效率的方法。跟暖房系統一樣，空調系統的零件都需要定期保養，譬如清潔通風口蓋板、每季清理冷凝器並罩上外罩，以及更換空氣濾網。

自然通風 NATURAL VENTILATION

自然通風如何運作？

盛行風

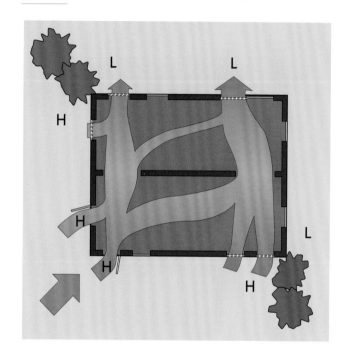

煙囪效應

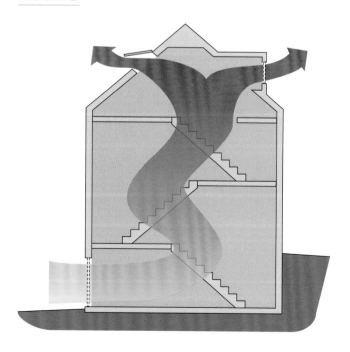

回想 100 多年前，人們如果想讓室內降溫，只能靠盛行風和熱空氣浮力來散熱。

在世界上大部分的地區，居民都知道暖季的盛行風會往哪個方向吹。譬如在沿海地區，只要白天一熱，盛行風就會由海面徐徐吹向陸地，但一到了晚上，風向又會反轉。

只要想辦法調整房屋方位，讓風直接吹進大片可開關的窗戶，由屋前流向屋後，就能大幅提高降溫效果。

如圖所示，只要擺對推開窗和樹叢的位置，就能在房屋前後形成壓力差，讓空氣由高壓區（H）流向低壓區（L）。當你準備換新窗戶，或想在房屋四周種樹時，請思考一下這一點。

沒裝風扇的工廠會設置直立煙囪來排除廢氣，原理跟熱氣球一樣，都是基於熱氣的密度比周遭空氣小，會不斷向上飄。

一般住宅可以利用所謂的「煙囪效應」來通風。譬如大熱天時，房子吸了一整天熱，當室外的空氣變涼爽時，利用煙囪效應來通風特別有效。

進風口越低、出風口越高，煙囪效應產生的氣流就越大。當進風口和出風口面積相同，會達到最大的通風。不過，如果想讓流過通風口（譬如床邊的窗戶）的風速達到最大，出風口的總面積必須是進風口的兩倍以上。

吊扇 CEILING FAN

空氣流動

空氣流動

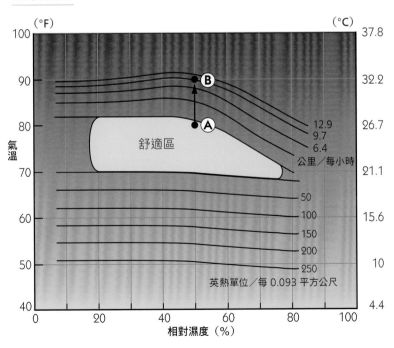

吊扇如何運作？

天花板吊扇雖然無法降低氣溫，卻能使室內空氣流動，冷房效果還不錯。要了解原理，必須先知道哪些條件會令人感到舒適。

人體散熱和吸熱時，會不斷平衡進出的熱量，使體溫維持恆定。熱量的傳遞方式包括以下幾種：

- 傳導（直接碰觸物體時）
- 對流（空氣流動時）
- 蒸發（皮膚表面的水分汽化）
- 輻射（由偏熱區域移入偏涼區域）

所謂的人體舒適感，指的是在正常穿著、靜止的情況下，人體不會覺得太熱或太冷。左方曲線圖顯示一般人在無輻射、無對流情況下，會感覺舒適的氣溫和相對濕度範圍。

當氣溫變低且有輻射熱時（如出太陽），體感舒適溫度會降低，如舒適區下方幾條曲線所示。當氣溫變高、體表有涼風吹過時，體感舒適溫度會升高，如舒適區上方幾條曲線所示。

假設你坐在上圖的綠椅上，當吊扇完全沒開，室內的體感舒適溫度會是26.7°C（下圖 A 點）。當吊扇開啟且風速達每小時 9.7 公里，即使室溫升至 32.2°F（B 點），身體舒適度應該會跟 A 點差不多。

排風扇 WHOLE-HOUSE FAN

排風扇如何運作？

夏天時，室溫一天之內可以相差 11°C，下午兩三點左右會達到高峰，日出前則降到最低。只要在家裡裝一台結構單純、低耗能的排風扇，就能利用自然溫差替房屋散熱。

白天室外溫度高於室內溫度時，先關上屋內所有門窗，利用整棟房子的巨大量體形成絕熱效果，延緩室溫增加速率。

太陽下山後，當室外溫度低於室內溫度，先打開整棟屋內紗門窗，再開啟馬力十足的排風扇。

一般房屋地板面積為 2,000 平方呎（約 186 平方公尺），天花板高 8 呎（約 2.44 公尺），因此全屋空氣量為 16,000 立方呎（約 453.07 立方公尺）。一台功率 0.5 馬力（375 瓦）的排風扇，每分鐘能排掉 4,000 立方呎（約 113.27 立方公尺）的空氣，讓室內的冷熱空氣交互循環每小時達十五次。

請注意，這種排風扇能帶動大量熱氣，但普通的閣樓通風口面積都太小，排不掉這麼多熱氣。根據經驗，風扇排氣量每多 750 立方呎（21.24 立方公尺），閣樓通風口就要多 1 平方呎（0.093 平方公尺）才夠寬。

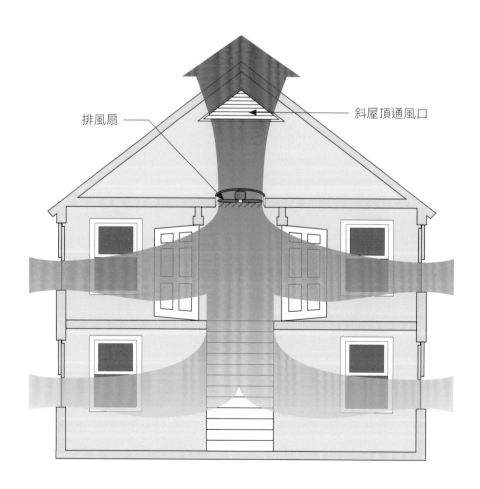

排風扇 —

— 斜屋頂通風口

窗型冷氣機 WINDOW AIR CONDITIONER

窗型冷氣機如何運作？

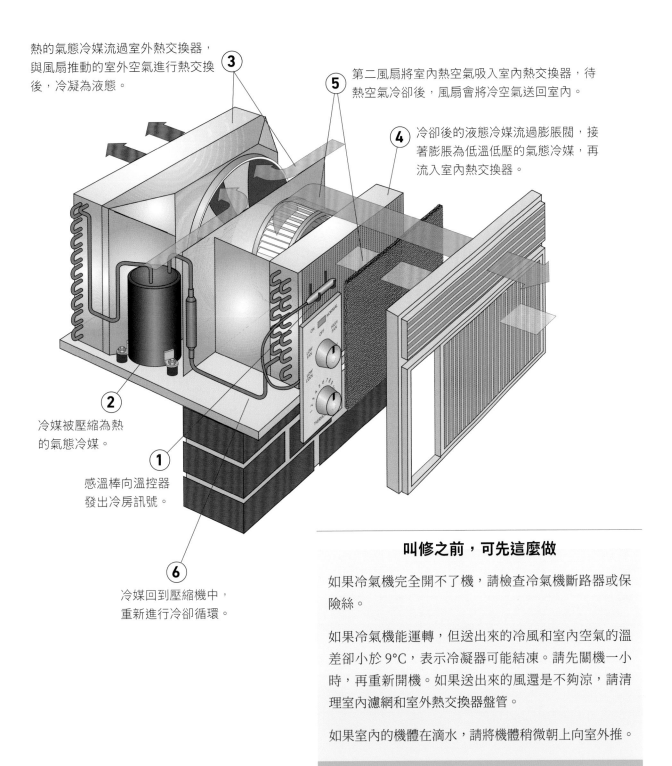

熱的氣態冷媒流過室外熱交換器，與風扇推動的室外空氣進行熱交換後，冷凝為液態。 **3**

第二風扇將室內熱空氣吸入室內熱交換器，待熱空氣冷卻後，風扇會將冷空氣送回室內。 **5**

冷卻後的液態冷媒流過膨脹閥，接著膨脹為低溫低壓的氣態冷媒，再流入室內熱交換器。 **4**

冷媒被壓縮為熱的氣態冷媒。 **2**

感溫棒向溫控器發出冷房訊號。 **1**

冷媒回到壓縮機中，重新進行冷卻循環。 **6**

叫修之前，可先這麼做

如果冷氣機完全開不了機，請檢查冷氣機斷路器或保險絲。

如果冷氣機能運轉，但送出來的冷風和室內空氣的溫差卻小於 9°C，表示冷凝器可能結凍。請先關機一小時，再重新開機。如果送出來的風還是不夠涼，請清理室內濾網和室外熱交換器盤管。

如果室內的機體在滴水，請將機體稍微朝上向室外推。

中央空調系統 CENTRAL AIR CONDITIONER

中央空調系統如何運作？

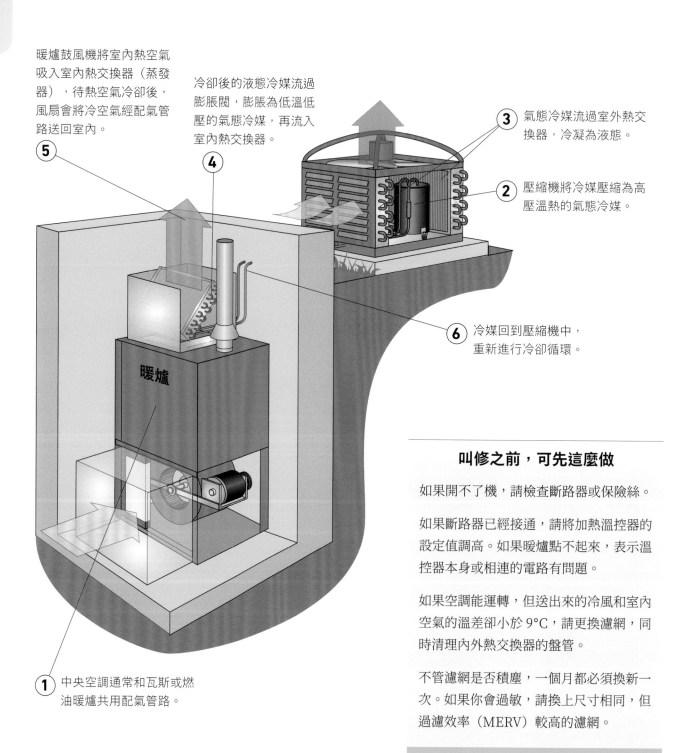

暖爐鼓風機將室內熱空氣吸入室內熱交換器（蒸發器），待熱空氣冷卻後，風扇會將冷空氣經配氣管路送回室內。

5

冷卻後的液態冷媒流過膨脹閥，膨脹為低溫低壓的氣態冷媒，再流入室內熱交換器。

4

3 氣態冷媒流過室外熱交換器，冷凝為液態。

2 壓縮機將冷媒壓縮為高壓溫熱的氣態冷媒。

6 冷媒回到壓縮機中，重新進行冷卻循環。

暖爐

1 中央空調通常和瓦斯或燃油暖爐共用配氣管路。

叫修之前，可先這麼做

如果開不了機，請檢查斷路器或保險絲。

如果斷路器已經接通，請將加熱溫控器的設定值調高。如果暖爐點不起來，表示溫控器本身或相連的電路有問題。

如果空調能運轉，但送出來的冷風和室內空氣的溫差卻小於 9°C，請更換濾網，同時清理內外熱交換器的盤管。

不管濾網是否積塵，一個月都必須換新一次。如果你會過敏，請換上尺寸相同，但過濾效率（MERV）較高的濾網。

分離式（無風管）冷氣機 Ductless Air Conditioner

分離式冷氣機如何運作？

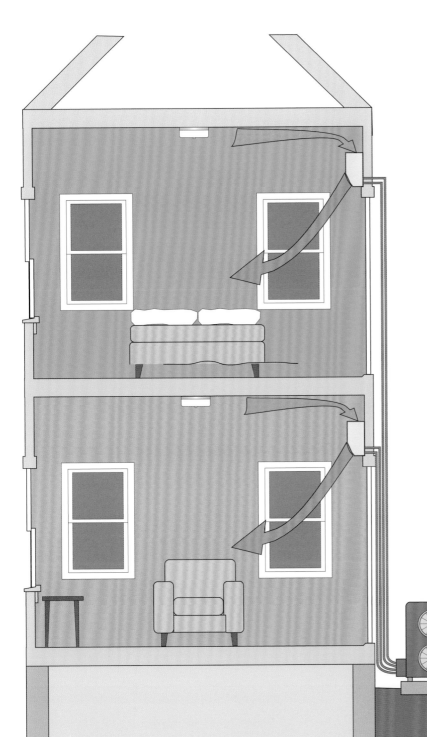

左頁介紹的中央空調，是由同一台蒸發器冷卻空氣，冷氣再透過大型風管流入各個房間。不過要是風管分布區域太大、接點太多，就得多花上 25-30% 的電力，才能將冷氣送進地下室和閣樓。

圖中的分離式冷氣系統，完全不靠風管送風，而是改在需要空調的房間裡分別裝蒸發器，同時拉一條絕熱管接到室外冷凝器，讓冷媒能從室外冷凝器流入蒸發器。

如果冷暖氣都需要，可以將分離式冷氣改為分離式熱泵。

拉絕熱管的成本比拉風管低，施工步驟更單純，只是剛開始得在需要空調的房間分別安裝蒸發器，使得這個系統的初期花費會比風管系統高。但是用越久省的電越多，可以打平安裝成本，但空調會開多少時間、省多少電，全取決於當地氣候和電費費率。

一般來說，如果閣樓或車庫改裝的房間要裝空調，裝分離式的比較划算。

蒸發式冷風機 EVAPORATIVE COOLER

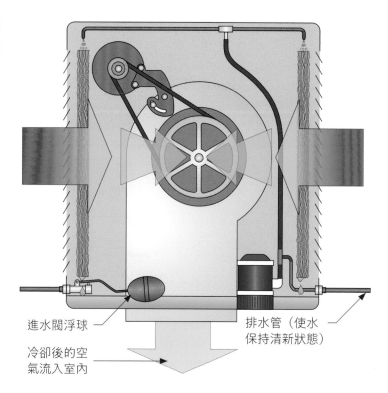

進水閥浮球

冷卻後的空氣流入室內

排水管（使水保持清新狀態）

蒸發式冷風機如何運作？

請弄濕你的手，再朝手吹氣，你的皮膚會感覺涼涼的，因為水蒸發的時候會帶走熱量。蒸發式冷風機裡有鼓風機，能吸入室外高溫乾燥的空氣，讓空氣通過靠泵維持濕潤的纖維墊。乾燥空氣流過纖維墊後，相對濕度（RH）會提高，但溫度會減少11°C（20°F）以上。

所謂的冷卻效應，如下方空氣濕線圖所示。A點的空氣溫度32.2°C（90°F）、相對濕度20%，當空氣流過纖維墊，增加相對濕度到80%，溫度就會降到19.4°C（67°F），即B點位置。

使用蒸發式冷風機時，當室外空氣越乾燥，降溫效果就越好，就性價比而言更划算。這種機器適合在美國西南方的沙漠地區使用，但在東南方濕熱地區則無用武之地。

叫修之前，可先這麼做

如果冷風機沒辦法使空氣流動，請先檢查斷路器。如果斷路器沒斷開，請再檢查傳動皮帶是否鬆脫或斷裂了。

如果鼓風機能讓空氣流動，但降溫效果變差，表示纖維墊孔洞可能被礦物質沉積物堵住了。當水中的礦物質含量較高（所謂的硬水），礦物質會因為水分蒸發而卡在纖維墊上，使空氣流動不順暢。還好纖維墊並不貴，而且到處都有賣。

空氣濕線圖

19.4°C（67°F）

B

焓（熱能）線 *

A

80% RH
60% RH
40% RH
20% RH
0% RH

40°F	50	60	70	80	90	100
4.4°C	10	15.6	21.1	26.7	32.2	37.8

氣溫

* 編注：在同一焓（熱能）的空氣狀態下，溫度與濕度的相互變化關係。

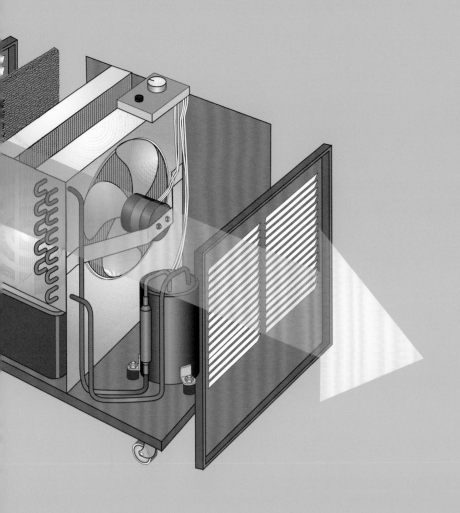

5

AIR QUALITY

空氣清淨系統

現代人都知道，空氣品質對身體健康的影響非常大。我們雖然改變不了住家四周的空氣品質，但可以調整室內的空氣品質。

我們可以升高和降低室內空氣的溫度，也可以加濕和除濕空氣。如果空氣中帶有會侵入肺部的雜質，譬如灰塵、塵蟎、動物毛髮、皮屑、黴菌、病原體，我們也能想辦法濾掉。

本章會教你如何使用機器調整室內空氣品質，以及如何使機器維持正常的運作。

濕氣及黴菌 MOISTURE & MOLD

濕氣及黴菌的關係為何？

天冷開暖氣的時候，室內通常不會有潮濕的感覺，甚至會變得有點太乾。但是為什麼很多人家裡還是會有濕氣和黴菌？看看底下這張濕氣線圖，答案就在裡頭。如圖所示，乾燥空氣從屋外進入屋內後，會開始吸收室內水氣，接著和窗戶、外牆、閣樓屋頂等溫度低的建材面接觸。

室內哪些地方會產生水氣？右表為四口住家內常見的水氣來源，表中的數字為會蒸發的液態水水量。

建材接面易長黴菌，後文將進一步探討黴菌帶來的問題。

水氣來源（單位：公升／日）

使用一年內的建材	38
地下室積水	28.5
潮濕的地下室或管線空間	23.75
排氣管通入室內的烘衣機	12.35
人的呼吸、流汗	4.47
洗衣服	2
無抽風裝置的瓦斯爐	1.24
煮飯時不蓋鍋蓋	0.95
（一般數量的）觀葉植物	0.48
淋浴／泡澡	0.29

冬天時，室外空氣進入潮濕屋內後的變化

住家如果太潮濕，室內的水氣會增加，使空氣相對濕度提高到 65%。③

濕空氣一旦冷卻到 13°C（56°F），水氣就會開始凝結成水珠。最容易凝結水珠的地方，包括窗戶玻璃、外牆牆角、靠外牆的衣櫥、閣樓屋頂包覆材。④

進入室內的空氣如果未吸收任何濕氣，在加熱到 20°C（68°F），相對濕度會降至 16%。②

12 月、1 月、2 月中午時，緬因州波特蘭市戶外的平均氣溫和相對濕度分別為 0°C（32°F）和 62%。①

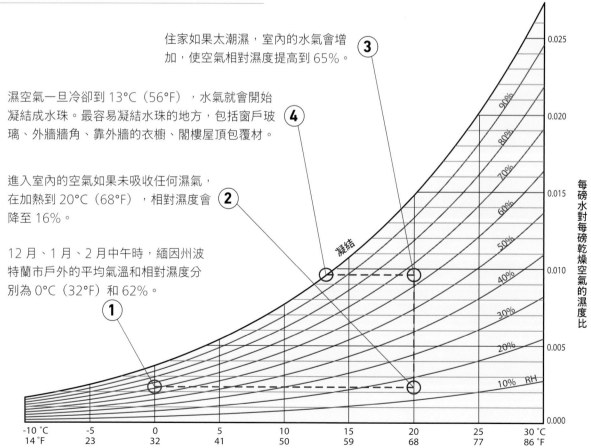

濕度多少才健康？

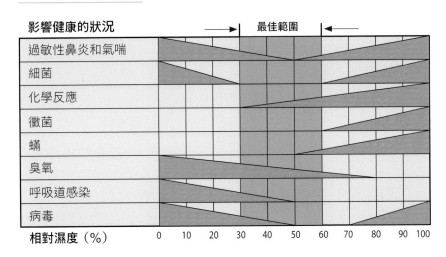

影響健康的狀況					最佳範圍					
過敏性鼻炎和氣喘										
細菌										
化學反應										
黴菌										
蟎										
臭氧										
呼吸道感染										
病毒										
相對濕度（%）	0	10	20	30	40	50	60	70	80	90	100

濕度造成的健康問題，不只有黴菌而已。如左圖所示，空氣濕度太低或太高，都會引發種種問題，而最不容易危害身體健康的相對濕度，通常落在30-60%。

如果你家不透風的程度在合理範圍內，只要開個加濕器或除濕機就能讓空氣濕度落在上述範圍內。

最容易長黴菌的地方

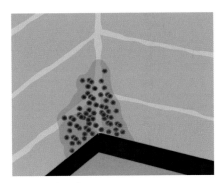

潮濕的地下室

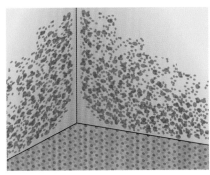

外牆的牆角

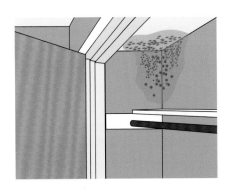

靠外牆的衣櫥

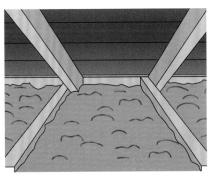

閣樓屋頂包覆材表面

只要了解適合黴菌生長的條件（即高於10°C且相對濕度大於70%），很容易就能發現黴菌的蹤影。

如果你家的暖氣設定在至少18°C，最好檢查一下哪些角落的表面溫度會比室內溫度低，像是窗戶（不過玻璃並不會長黴菌）、兩片外牆之間的牆角、與外牆相連的衣櫥或密室內部、廚房和浴室置物櫃內部、閣樓內部，或其他介於屋頂和天花板之間的角落。

外牆（包括地下室的牆壁）絕熱之後，請打開房門，讓閣樓及屋內其他空間保持通風。

加濕器 HUMIDIFIER

加濕器如何運作？

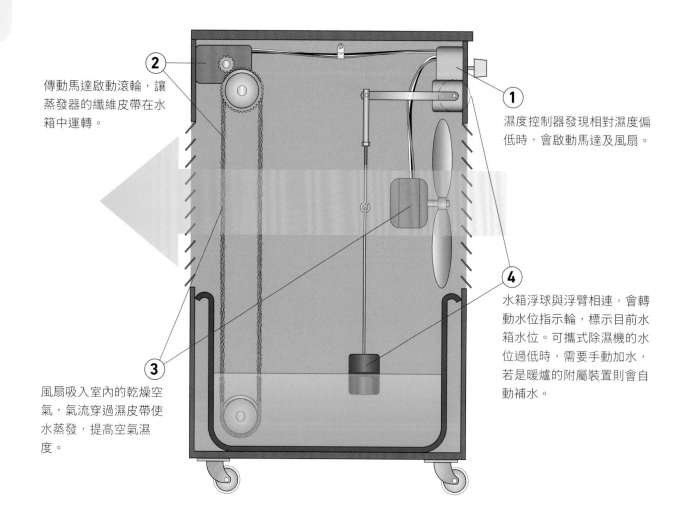

② 傳動馬達啟動滾輪，讓蒸發器的纖維皮帶在水箱中運轉。

① 濕度控制器發現相對濕度偏低時，會啟動馬達及風扇。

④ 水箱浮球與浮臂相連，會轉動水位指示輪，標示目前水箱水位。可攜式除濕機的水位過低時，需要手動加水，若是暖爐的附屬裝置則會自動補水。

③ 風扇吸入室內的乾燥空氣，氣流穿過濕皮帶使水蒸發，提高空氣濕度。

叫修之前，可先這麼做

加濕後的空氣如果有異味，請拆除水箱並徹底洗刷內壁，避免黴菌、細菌等微生物孳生。

如果出風量變小，表示皮帶上可能有礦物質沉積物。這時候，請換上新皮帶或將舊皮帶浸在醋中一晚。

除濕機 DEHUMIDIFIER

冷卻效應（如空氣濕線圖所示）

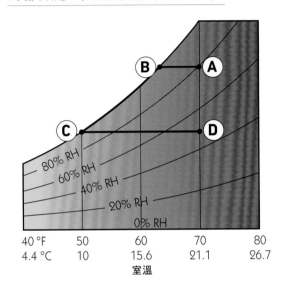

40 °F	50	60	70	80
4.4 °C	10	15.6	21.1	26.7

室溫

80% RH
60% RH
40% RH
20% RH
0% RH

除濕機如何運作？

除濕機和冷氣機一樣有除濕效果，原理是讓空氣降至露點溫度以下，使水氣凝結出來。

左圖中，A 點的空氣溫度為 21.1°C（70°F）、相對濕度 80%。空氣會先流過蒸發器盤管，溫度降至露點溫度（B 點）。持續降溫後（由 B 點至 C 點），水珠便會在蒸發器盤管上凝結，滴入集水盤。空氣流過冷凝器後，溫度會回升至 21.1°C（70°F），但相對濕度會降到 50%（D 點）。

可攜式除濕機

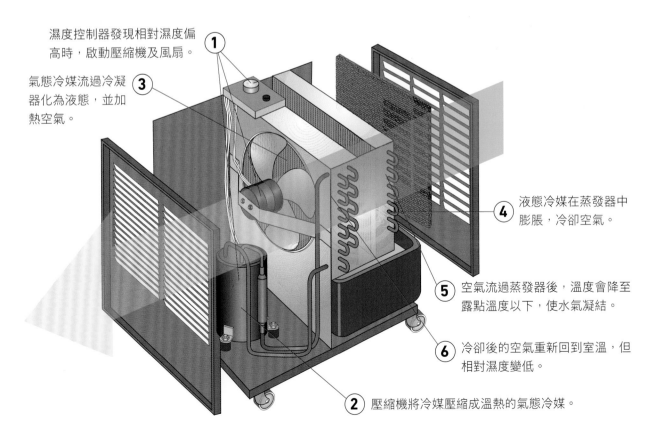

1 濕度控制器發現相對濕度偏高時，啟動壓縮機及風扇。

3 氣態冷媒流過冷凝器化為液態，並加熱空氣。

4 液態冷媒在蒸發器中膨脹，冷卻空氣。

5 空氣流過蒸發器後，溫度會降至露點溫度以下，使水氣凝結。

6 冷卻後的空氣重新回到室溫，但相對濕度變低。

2 壓縮機將冷媒壓縮成溫熱的氣態冷媒。

暖爐濾網 FURNACE FILTER

機械式暖爐濾網

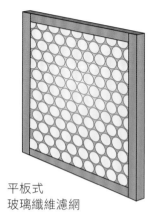

平板式
玻璃纖維濾網

多褶紙質濾網

氣流方向

24 x 24 x 2

一般濾網安裝位置

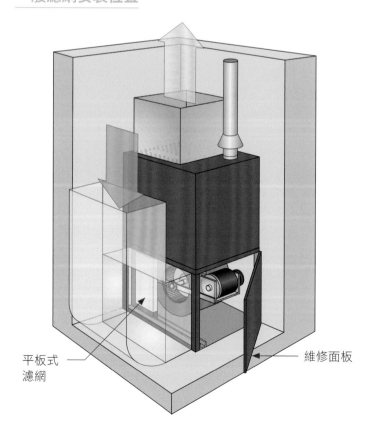

平板式
濾網

維修面板

暖爐濾網如何運作？

常見平板式暖爐濾網內含直徑 1.27-2.54 公分的低密度纖維或孔洞濾網，且濾網固定於框中。濾網可覆上黏稠塗層，同時保持一定孔隙，只有不到 20% 的直徑 1-10 微米粒子（人類頭髮直徑為 25-100 微米）會黏附在濾網上。

孔隙較少的多褶紙質濾網可黏附將近 100% 的同類粒子。多層褶疊可增加 10 倍表面積，讓空氣阻力維持相同程度。

叫修之前，可先這麼做

如果暖氣口的風速變慢，表示暖爐濾網可能堵塞了。

請先關閉暖爐電源，在底部找一下維修面板。打開面板，檢查一下裡面的濾網，如果濾網上面都是灰塵和棉絮，氣流就會被擋住。

如果濾網固定在塑膠框或金屬框上，可以用水管沖一沖外框，記得等外框乾了再裝回去。

如果濾網是固定在硬紙框上，可以將外框拆下來，帶去家用五金量販店比尺寸，一次買五、六片尺寸相同的框。硬紙框通常不貴，冬季期間最好多換幾次，如果家裡有養寵物，請每個月換一次框。

檢修暖爐時，記得順便檢查鼓風機皮帶。如果皮帶有脫線或龜裂現象，請換一條新皮帶。

電子空氣清淨機 ELECTRONIC AIR CLEANER

電子空氣清淨機內部構造

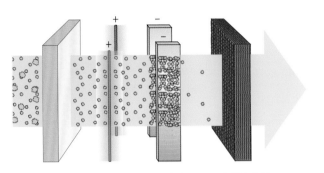

纖維前濾網　離子金屬線　集塵板　　活性碳後
　　　　　　　　　　　　　　　　　濾網

一般的暖爐式空氣清淨機

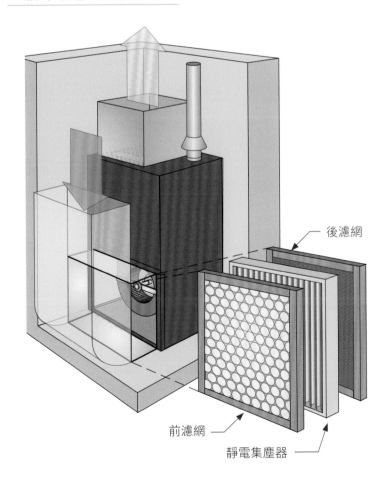

後濾網

前濾網

靜電集塵器

電子空氣清淨機如何運作？

電子空氣清淨機一般配有纖維前濾網和活性碳後濾網，以及靜電集塵器。

集塵器的集塵功能分為兩階段：

第 1 階段：高壓電線使空氣中的粒子帶電。

第 2 階段：帶相反電荷的金屬板能吸附帶電粒子。

一旦金屬板上的灰塵累積到肉眼可見的程度，就必須動手清理。

叫修之前，可先這麼做

清理或更換電子空氣清淨機的前後濾網時，按照前頁提到的方法即可。靜電集塵器可以自己清理，但要按照以下步驟小心進行。

請務必先關閉電源，等待 1 分鐘之後再打開維修面板，因為集塵器用的是高壓電。

再來，用洗碗精清潔集塵器上的灰塵。可以將集塵器浸在裝有洗碗精加水的桶子裡，或直接將溶液噴在集塵器上。

浸泡 15 分鐘之後，用水管沖掉集塵器上的泡沫。小心不要折到鋁製的薄層集塵板或弄斷電線。

等所有零件都乾了之後，再將集塵器裝回去，並啟動電源。

風冷式熱交換器 AIR-TO-AIR HEAT EXCHANGER

風冷式熱交換器如何運作？

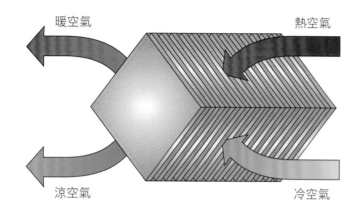

暖空氣

熱空氣

涼空氣

冷空氣

如果你想節省暖房和冷房時的耗電量，可以盡量將管路作絕熱處理，避免室外空氣造成熱損。但即使為了節能，依然得保持一定的空氣對流。根據美國法規，住家內的空氣流量至少須達每人每分鐘 7.5 立方呎（0.212 立方公尺），且每 100 平方呎（0.093 平方公尺) 的起居空間，每分鐘的空氣流量至少要有 1 立方呎 (0.028 立方公尺)。

這時候，風冷式熱交換器就派上用場了。這項裝置將室內不新鮮的空氣和室外的新鮮空氣吸入蜂巢狀薄層導管，各導管僅由薄層金屬相隔。空氣通過導管後，能保持約 80% 的熱量。在新的節能住宅當中，這類裝置越來越普遍。

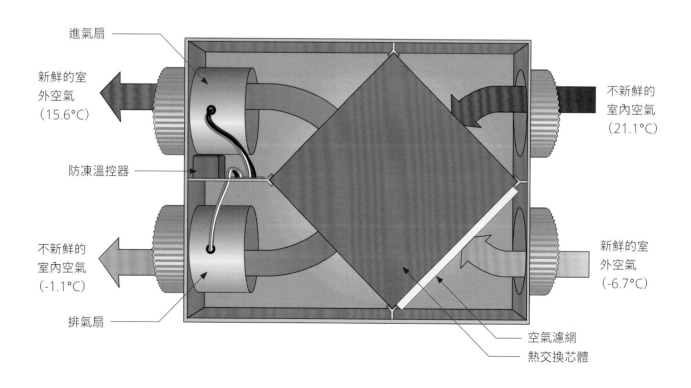

進氣扇

新鮮的室
外空氣
（15.6°C）

不新鮮的
室內空氣
（21.1°C）

防凍溫控器

不新鮮的
室內空氣
（-1.1°C）

新鮮的室
外空氣
（-6.7°C）

排氣扇

空氣濾網

熱交換芯體

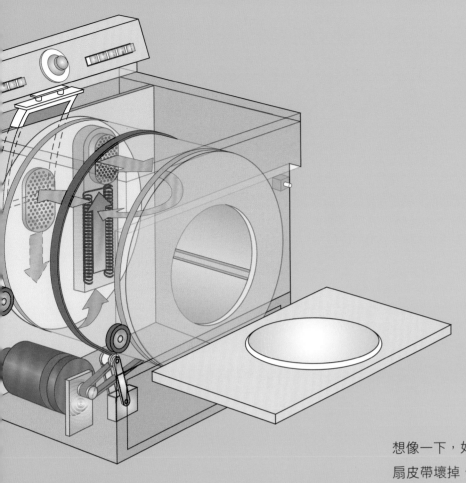

家電 **6**

———

WIRING

想像一下，如果你的車子開了五年之後爆胎、風扇皮帶壞掉、保險絲燒斷，你會把車報廢掉嗎？應該不至於。那為什麼很多人一發現電器故障，連修都不修就直接丟掉？其實是因為電器修理費用太高，和折舊價值不相上下。

修理家電會這麼昂貴，是因為我們不會把電器扛到家電行去修，而是請師傅到府檢修機器。維修要花的時間和金錢，至少有一半都花在師傅奔波到客戶家的交通上。

其實大部分家電的故障，你都可以自己動手排除，而且只需要簡單的工具就夠了。零件可以上家電行買，也可以上網訂購。有些網站除了販售零件，還會提供維修教學，例如 repairclinic. com。

本章會畫出各種大型家電的透視圖，告訴你家電的運作原理，同時教你如何判斷故障原因，自己先進行簡單的維修，讓你不會因為家電壞了就想丟，或是直接打電話找師傅。

洗碗機 DISHWASHER

洗碗機如何運作？

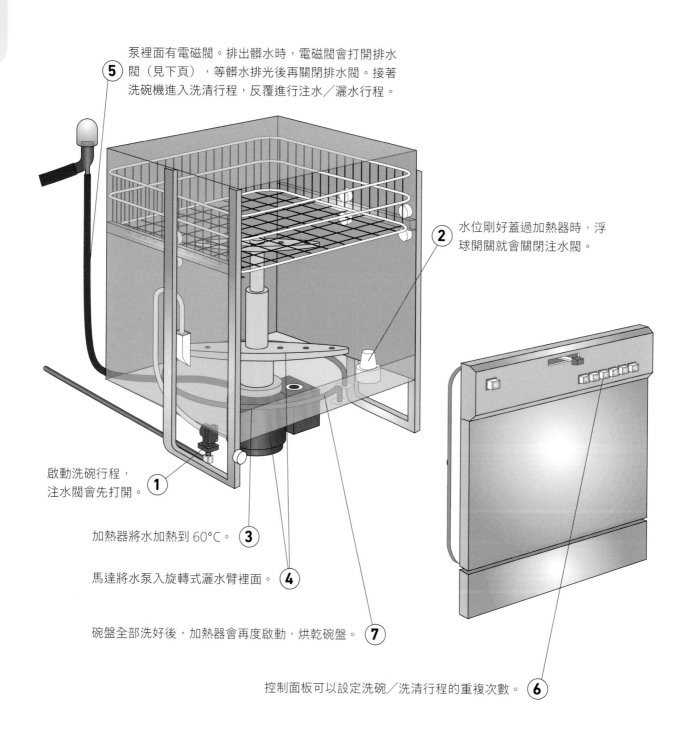

5 泵裡面有電磁閥。排出髒水時，電磁閥會打開排水閥（見下頁），等髒水排光後再關閉排水閥。接著洗碗機進入洗清行程，反覆進行注水／灑水行程。

2 水位剛好蓋過加熱器時，浮球開關就會關閉注水閥。

1 啟動洗碗行程，注水閥會先打開。

3 加熱器將水加熱到 60℃。

4 馬達將水泵入旋轉式灑水臂裡面。

7 碗盤全部洗好後，加熱器會再度啟動，烘乾碗盤。

6 控制面板可以設定洗碗／洗清行程的重複次數。

兩用泵

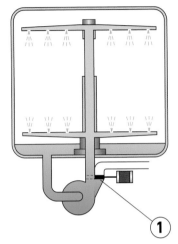 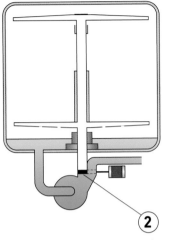

① 洗碗和洗清行程進行時，電磁閥會開啟灑水管的入水口，關閉排水口。

② 排水行程進行時，電磁閥會開啟排水口，關閉灑水管路的入水口。

空氣隔腔

空氣隔腔可以防止髒水從排水管逆流到注水管中。根據美國大部分的配管法規，洗碗機都必須配有空氣隔腔。

排水行程進行時，擋水罩可以將髒水導向排水管路。

排水行程結束後，空氣會流入擋水罩，防止髒水因虹吸效應逆流回洗碗機。

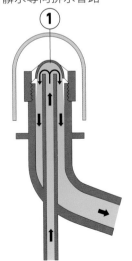 

① ②

叫修之前，可先這麼做

如果洗碗機無法啟動：

請檢查配電箱裡的斷路器，先斷開斷路器，再接通。

如果斷路器已經接通，請檢查牆上的插座開關有沒有關掉、插頭是不是掉了。

如果碗洗不乾淨：

請先確認你使用的是洗碗機專用的清潔劑，而不是一般手洗碗盤用的洗碗精。

強制中斷洗碗行程，確認水溫是否為60°C。

記得先清除碗盤上的廚餘。

強制中斷洗碗行程，確認水位高度是否剛好蓋過加熱器。如果水位不對，請取下浮球開關並清理乾淨，讓浮球可以順暢上升和下降。

取下灑水臂，清理灑水臂上的灑水孔。灑水臂裝回去之後，記得確認旋臂可正常轉動。

如果洗碗機漏水：

請確認洗潔劑的用量符合原廠說明。洗潔劑會產生很多泡沫，加太多容易使泡沫溢出來。

確認浮球開關的運作是否正常，如果浮球開關卡在下降位置，會導致洗碗機水位過高。

用海綿和清潔劑清理門上的防水條，直到觸感滑順為止。

滾筒式洗衣機 FRONT-LOADING WASHER

滾筒式洗衣機如何運作？

滾筒式洗衣機和上開式洗衣機最大的差別，在於洗衣槽的旋轉形式。滾筒洗衣機的洗衣槽以水平軸旋轉，引擎的動力傳輸方式相當簡單。在重力作用下，衣物不斷在內槽中滾落，達到攪拌的效果。

此外，滾筒式洗衣機的用水量更少，最高轉速也快很多，脫水行程結束後衣服幾乎全乾。

不過，凡事有利必有弊。雖然滾筒式洗衣機省水省電，但要讓機器穩定運轉，必須設置笨重又昂貴的平衡機具。

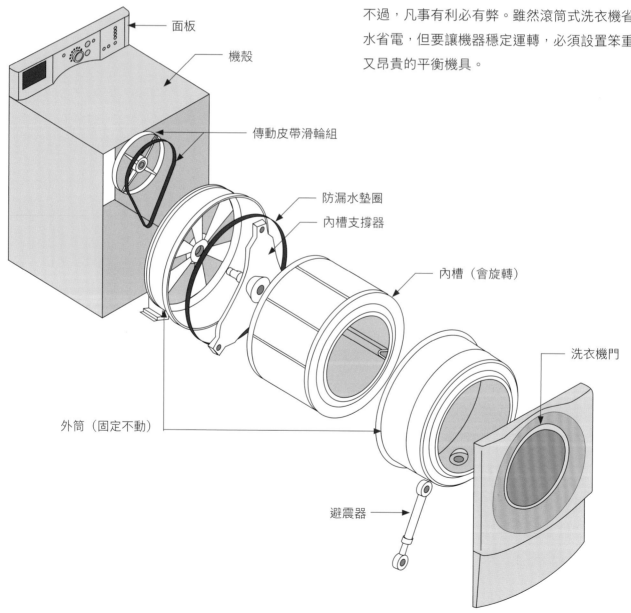

面板

機殼

傳動皮帶滑輪組

防漏水墊圈

內槽支撐器

內槽（會旋轉）

洗衣機門

外筒（固定不動）

避震器

調整機底腳墊

機底的腳墊必須與地板密合，才能降低震動，並避免機器移位。先鬆開所有固定螺帽，將四片腳墊鎖深一點，再確定所有腳墊都與地板密合。裝好腳墊，搖一搖洗衣機確認機身夠穩固，再把固定螺帽鎖好。

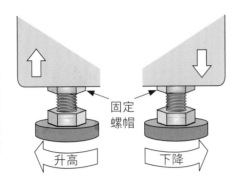

固定
螺帽

升高　　下降

清理注水口濾網

細密濾網可以防止水中的沉積物損壞注水閥。如果注水行程花的時間變久，請檢查一下濾網是否被沉積物或水垢塞住。可以用白醋和水垢清潔劑來清除異物堵塞。

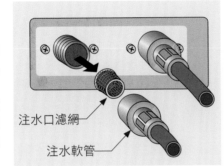

注水口濾網

注水軟管

清除排水泵濾網

為避免小型硬物（如堅果、螺絲、髮夾、硬幣等）損壞脆弱的排水泵葉輪，有些洗衣機會加裝排水泵濾網。如果排水速度明顯變慢，請打開排水濾網的面板，將排水管拉出來放在淺盤上。接著轉開水管，濾網清乾淨後，再把排水管和濾網裝回去。

排水管
排水泵濾網

叫修之前，可先這麼做

內槽只放一件衣物，或放了吸水後容易過重的衣物（如浴巾或牛仔褲），都會讓內槽重量分布不均，導致脫水時高速旋轉的滾筒重心偏移，使洗衣機左跳右晃。

如果不想讓洗衣機晃過頭，除了要避免內槽重量不均，也要調整機底腳墊的高度（見左上圖），使四片腳墊都能與地板密合。

如果洗衣機的注水或排水速度變慢很多，可能是因為注水濾網堵塞（見左方第二圖），或是排水泵濾網上積了很多異物（見左下圖）。

如果泡沫溢到地板上，表示洗衣精放太多。請按照廠商建議選用的洗衣精，並以隨附的量杯酌量取用。

如果洗衣機附近的地板上有水，可能是因為注水口漏水、排水軟管彎折或鬆脫、排水橫主管堵塞，或是因為洗衣機玻璃門上卡了沉積物，導致密封效果降低。

另外，記得留好使用說明書，或是上網下載說明書電子檔。新型洗衣機故障時，通常會顯示故障代碼作為維修指示，你可以上 Repairclinic.com 或 YouTube，輸入故障代碼搜尋維修教學或影片。

上開式洗衣機 TOP-LOADING WASHERS

上開式洗衣機如何運作？

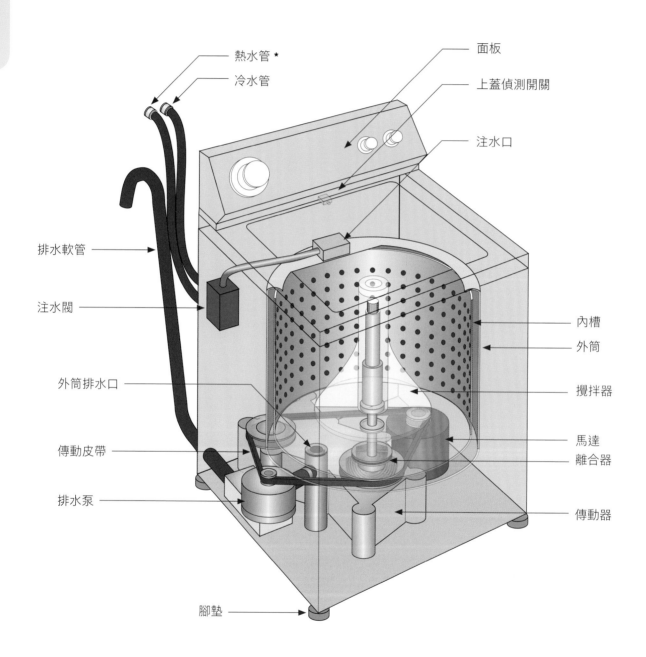

熱水管 *
冷水管
面板
上蓋偵測開關
注水口

排水軟管

注水閥

外筒排水口

傳動皮帶

排水泵

內槽
外筒
攪拌器
馬達
離合器
傳動器

腳墊

* 審訂注：台灣的家用洗衣機使用熱水系統的
相對少，美規洗衣機的熱水管通常仍接冷
水。自助洗衣店或專業洗衣店較常使用熱水
洗衣，以機內加熱器加熱的日韓廠牌為多。

攪動行程

攪動螺線管會帶動凸輪柄，並將凸輪柄向前推。

「擺盪裝置」會持續前後擺盪。

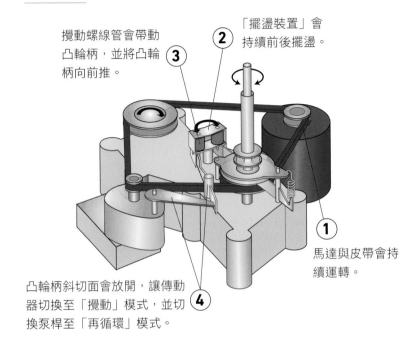

馬達與皮帶會持續運轉。

凸輪柄斜切面會放開，讓傳動器切換至「攪動」模式，並切換泵桿至「再循環」模式。

脫水行程

旋轉螺線管會帶動旋轉凸輪柄，將旋轉凸輪柄向後拉。

脫水行程結束後，旋轉螺線管會鬆開凸輪柄，使凸輪柄向前移。凸輪柄斜切面會使離合器軛及離合器軸升回原先高度，讓離合器鬆開並煞住內槽。

離合器來令片會與離合器滾輪咬合，帶動內槽軸旋轉。

凸輪柄斜切面會帶動彈簧，讓彈簧將離合器軸及離合器軛向下拉。

叫修之前，可先這麼做

如果洗衣機無法啟動，你可以：

檢查配電箱裡的斷路器，先斷開再重新接通。

如果斷路器已經接通，請檢查插頭是否沒插好。

檢查上蓋底下的偵測開關。如果你手上有電表，可以先拔掉洗衣機插頭，鬆開操作面板前方的螺絲，再將面板向上扳。斷開與掀蓋偵測開關連接的電線，用電表測量的斷開的兩端點之間的電阻值。若電阻值未降到零，請更換偵測開關。

如果洗衣機的注水速度大幅變慢，你可以：

檢查水源開關是否關閉。

一次拆掉一根注水管，檢查每根管子出水是否順暢。

檢查注水口濾網片（在水管與機體連接處內側），看看濾網片是否有異物堵塞。濾網片拆卸很簡單，可以用牙刷清除較易脫落的沉積物。如果濾網片上有礦物質沉積物，可將濾網泡在醋中一晚，即可分解沉澱物。

洗衣機運轉時如果會移位，表示內槽裝了太多衣物，或是某片機底腳墊歪掉了，必須調整。你可以用活動扳手調整與地板密合不足的機底腳墊。

133

電熱式烘衣機 ELECTRIC DRYER

電熱式烘衣機如何運作？

控制鈕可控制電熱管的溫度，包含高溫（全部啟動）、低溫（啟動一半）、送風（不啟動）三種模式。轉盤可控制時間長短。濕度感測器（圖中未畫出）可偵測衣物的乾燥程度。

烘衣行程進行時，滾筒會不斷旋轉，翻攪衣物（滾筒背板不會跟著旋轉）。

開啟機門時，門上的偵測開關會點亮燈泡，並使烘衣機停止運轉。

滾筒中的空氣被吸走後會先通過棉絮濾網，才會進入鼓風機和排氣管。

滾筒內的空氣被吸走時，筒外空氣會通過加熱器補進滾筒內。

空氣通過加熱器時，電熱管會加熱空氣，使空氣變乾燥。

鼓風機吸走滾筒內的空氣，從排氣管排出。

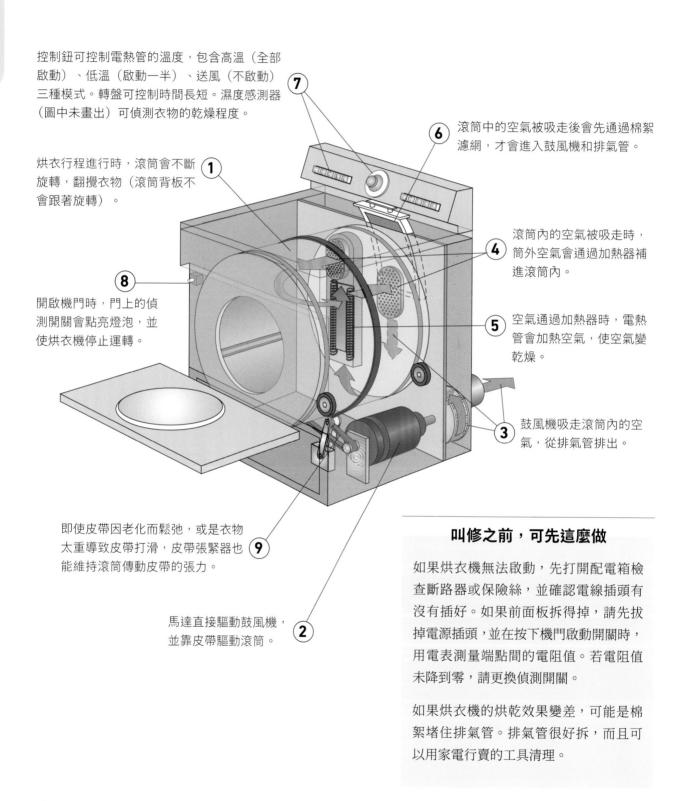

即使皮帶因老化而鬆弛，或是衣物太重導致皮帶打滑，皮帶張緊器也能維持滾筒傳動皮帶的張力。

馬達直接驅動鼓風機，並靠皮帶驅動滾筒。

叫修之前，可先這麼做

如果烘衣機無法啟動，先打開配電箱檢查斷路器或保險絲，並確認電線插頭有沒有插好。如果前面板拆得掉，請先拔掉電源插頭，並在按下機門啟動開關時，用電表測量端點間的電阻值。若電阻值未降到零，請更換偵測開關。

如果烘衣機的烘乾效果變差，可能是棉絮堵住排氣管。排氣管很好拆，而且可以用家電行賣的工具清理。

瓦斯烘衣機 GAS DRYER

瓦斯烘衣機如何運作？

控制按鈕可以控制溫度（含高溫、低溫、送風模式）。轉盤可控制時間長短。濕度感測器（圖中未畫出）能偵測衣物的乾燥程度。

烘衣行程進行時，圓柱型滾筒會不斷旋轉，翻攪衣物（滾筒背板不會跟著旋轉）。

開啟機門時，門上的偵測開關會點亮燈泡，並使烘衣機停止運轉。

即使皮帶因老化而鬆弛，或是衣物太重導致皮帶打滑，皮帶張緊器也能維持滾筒傳動皮帶的張力。

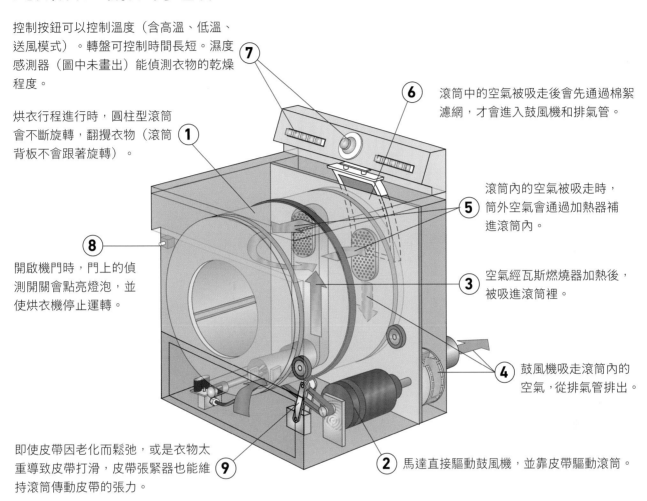

滾筒中的空氣被吸走後會先通過棉絮濾網，才會進入鼓風機和排氣管。

滾筒內的空氣被吸走時，筒外空氣會通過加熱器補進滾筒內。

空氣經瓦斯燃燒器加熱後，被吸進滾筒裡。

鼓風機吸走滾筒內的空氣，從排氣管排出。

馬達直接驅動鼓風機，並靠皮帶驅動滾筒。

電磁閥可以使瓦斯閥開或關。

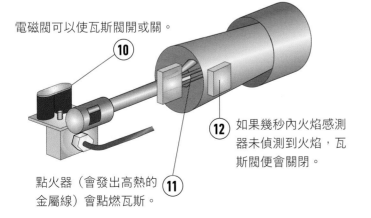

點火器（會發出高熱的金屬線）會點燃瓦斯。

如果幾秒內火焰感測器未偵測到火焰，瓦斯閥便會關閉。

叫修之前，可先這麼做

如果烘衣機無法啟動，或是烘衣時間太長，請依前頁的說明檢查電源和排氣管。

如果烘衣機啟動後不會變熱，可能是你家的丙烷石油氣用完了。如果確定瓦斯有剩，但火卻點不起來，請檢查瓦斯閥、點火器和溫度保險絲有沒有問題。

如果烘衣機啟動後無法攪動衣物，代表皮帶或馬達出了問題。更換馬達比較難，但皮帶倒還算好換，一般人都辦得到。

電熱爐／烤箱 ELECTRIC RANGE/OVEN

電熱式烘衣機如何運作？

時鐘／定時器可以控制烤箱溫度，也可以預約定時烘烤和自動清潔的時間。

旋鈕可以調整各個爐口加熱管的功率或熱度。

烤箱門打開時，偵測開關會點亮烤箱內的燈。

每個加熱爐口都能個別控制，一般用來加熱茶壺或平底鍋。

上方的內嵌式加熱管用輻射熱烘烤食物。

溫度控制器可控制烤箱溫度。

下方的內嵌式加熱管加熱烤箱內的空氣。

烘烤時，風扇會帶動熱空氣在烤箱內循環，使食物平均受熱。

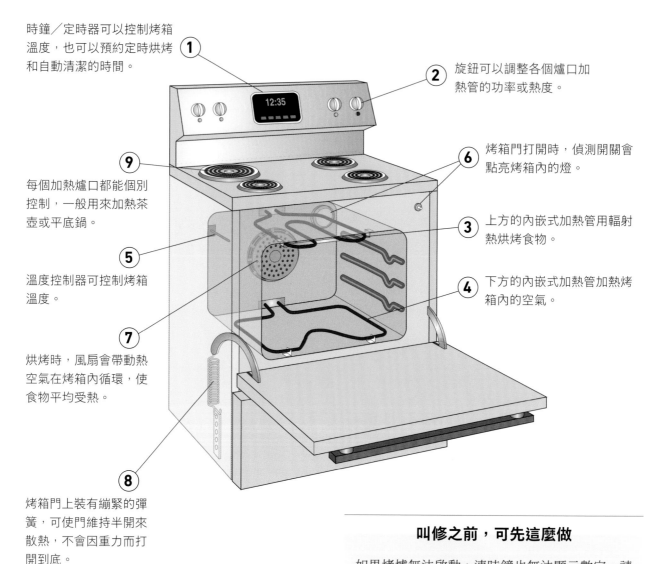

烤箱門上裝有繃緊的彈簧，可使門維持半開來散熱，不會因重力而打開到底。

叫修之前，可先這麼做

如果烤爐無法啟動，連時鐘也無法顯示數字，請檢查配電箱中的斷路器，並確認插頭確實插上。

如果加熱爐口的溫度上不去，可能是因為燒壞了。如果烤箱的烘烤效果太差或是上壁加熱管不亮，代表加熱管故障，必須換新。

烤箱內的上下加熱管在五金賣場都買得到，更換時只需要簡單拆裝。

檢測爐口加熱管

① 關閉烤爐的斷路器。

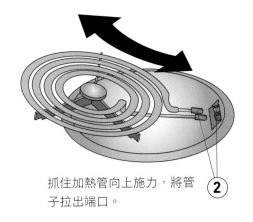

抓住加熱管向上施力，將管子拉出端口。 **②**

③ 將電表切到電阻測量模式。

⑤ 正常情形下，小型加熱管的電阻約為 25-30 歐姆，大型加熱管約為 40-50 歐姆。

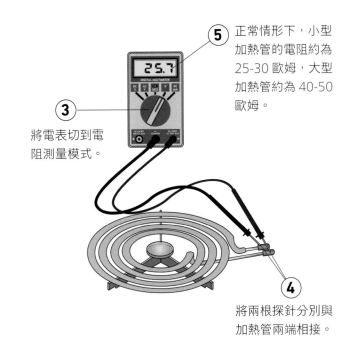

④ 將兩根探針分別與加熱管兩端相接。

檢測烤箱加熱管

① 先關閉烤箱斷路器。

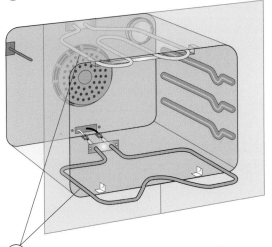

② 拆掉加熱管的固定螺絲，拉開加熱管，再將電極和電線的固定螺絲鬆開，就能拆掉整根加熱管。

③ 將電表切到電阻測量模式。

⑤ 正常情形下，上下加熱管的電阻約為 20-40 歐姆。

將兩根探針分別與加熱管兩端相接。

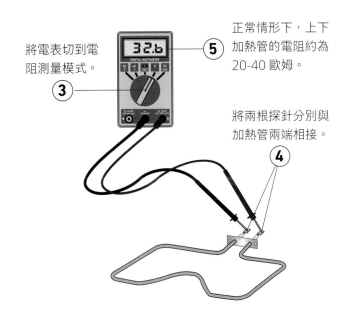

④

瓦斯爐／烤箱 GAS RANGE/OVEN

瓦斯爐／烤箱如何運作？

時鐘／定時器可以控制烤箱溫度，也可以預約定時烘烤和自動清潔的時間。

溫度控制器可控制烤箱溫度。

烘烤時，風扇會帶動熱空氣在烤箱內循環，使食物平均受熱。

烤箱門上裝有繃緊的彈簧，可使門維持半開來散熱，不會因重力而打開到底。

部分瓦斯會從瓦斯爐側邊下方的引火孔噴出，再從引火管流向點火器。點火器噴出的火花或火焰會點燃整個瓦斯爐。

每口瓦斯爐都有獨立的手動開關。瓦斯從供應源送出後，會先通過文氏管，再通過瓦斯閥進入瓦斯爐。

每個旋鈕可點燃對應的瓦斯爐，並調整火量。

烤箱門打開時，偵測開關會點亮烤箱內的燈。

上加熱管以輻射熱烘烤食物。

下加熱管位於金屬蓋板下方，加熱烤箱內空氣。

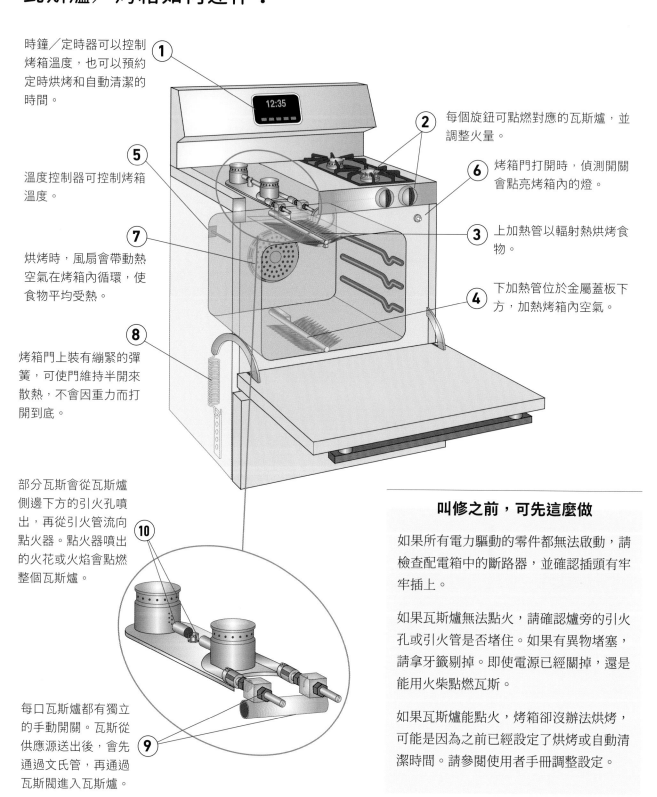

叫修之前，可先這麼做

如果所有電力驅動的零件都無法啟動，請檢查配電箱中的斷路器，並確認插頭有牢牢插上。

如果瓦斯爐無法點火，請確認爐旁的引火孔或引火管是否堵住。如果有異物堵塞，請拿牙籤剔掉。即使電源已經關掉，還是能用火柴點燃瓦斯。

如果瓦斯爐能點火，烤箱卻沒辦法烘烤，可能是因為之前已經設定了烘烤或自動清潔時間。請參閱使用者手冊調整設定。

清理主火焰孔和母火焰孔

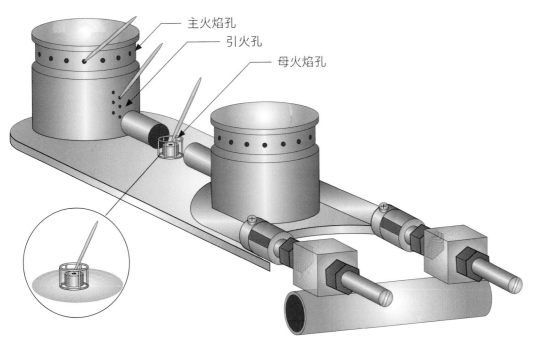

主火焰孔

引火孔

母火焰孔

調整進氣板

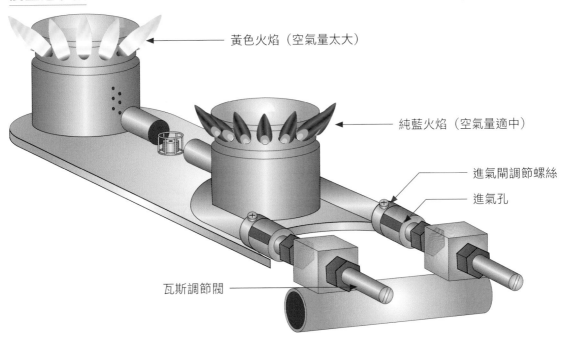

黃色火焰（空氣量太大）

純藍火焰（空氣量適中）

進氣閘調節螺絲

進氣孔

瓦斯調節閥

咖啡壺 COFFEE MAKERS

咖啡壺如何運作？

自動過濾式咖啡壺

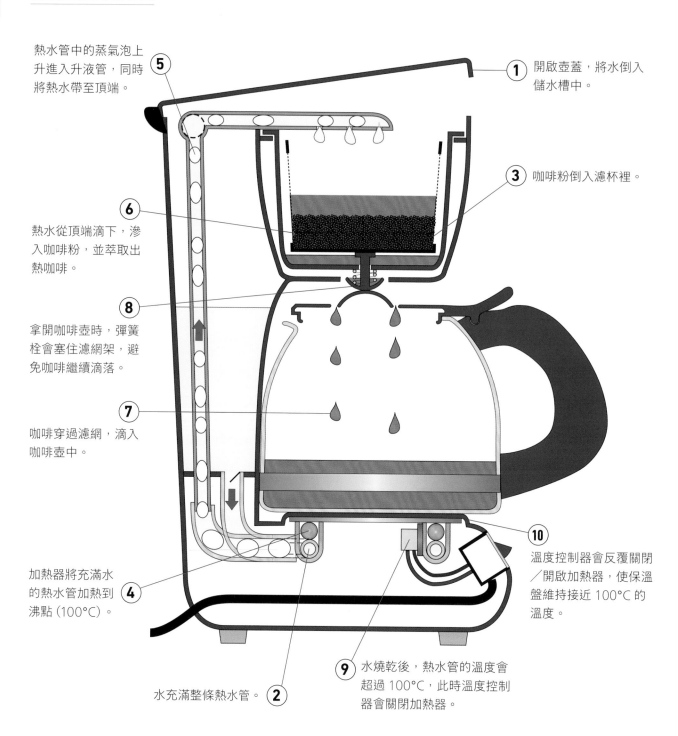

熱水管中的蒸氣泡上升進入升液管，同時將熱水帶至頂端。 **5**

1 開啟壺蓋，將水倒入儲水槽中。

3 咖啡粉倒入濾杯裡。

6 熱水從頂端滴下，滲入咖啡粉，並萃取出熱咖啡。

8 拿開咖啡壺時，彈簧栓會塞住濾網架，避免咖啡繼續滴落。

7 咖啡穿過濾網，滴入咖啡壺中。

10 溫度控制器會反覆關閉／開啟加熱器，使保溫盤維持接近 100°C 的溫度。

加熱器將充滿水的熱水管加熱到沸點（100°C）。 **4**

9 水燒乾後，熱水管的溫度會超過 100°C，此時溫度控制器會關閉加熱器。

水充滿整條熱水管。 **2**

爐式過濾式咖啡壺

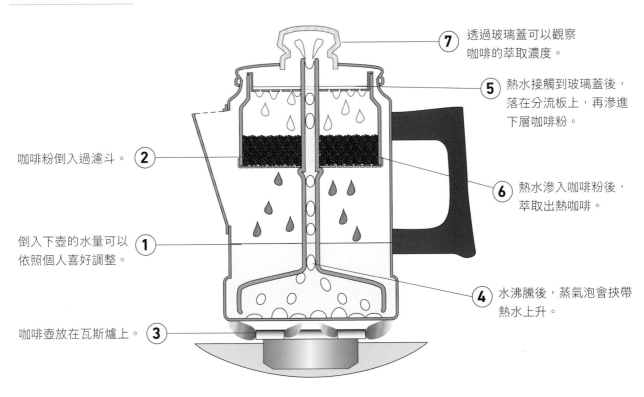

咖啡粉倒入過濾斗。②

倒入下壺的水量可以依照個人喜好調整。①

咖啡壺放在瓦斯爐上。③

⑦ 透過玻璃蓋可以觀察咖啡的萃取濃度。

⑤ 熱水接觸到玻璃蓋後，落在分流板上，再滲進下層咖啡粉。

⑥ 熱水滲入咖啡粉後，萃取出熱咖啡。

④ 水沸騰後，蒸氣泡會挾帶熱水上升。

法式濾壓壺

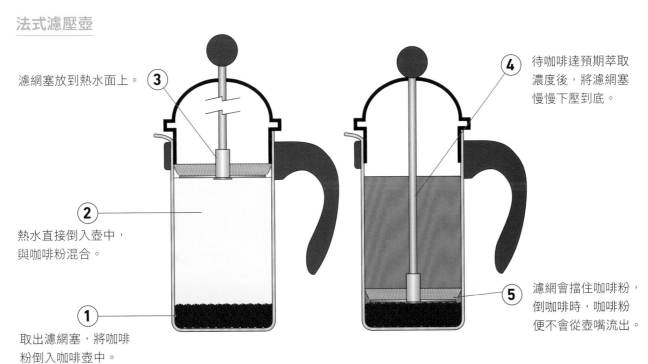

濾網塞放到熱水面上。③

熱水直接倒入壺中，②與咖啡粉混合。

取出濾網塞，將咖啡①粉倒入咖啡壺中。

④ 待咖啡達預期萃取濃度後，將濾網塞慢慢下壓到底。

⑤ 濾網會擋住咖啡粉，倒咖啡時，咖啡粉便不會從壺嘴流出。

微波爐 MICROWAVE OVEN

微波爐如何運作？

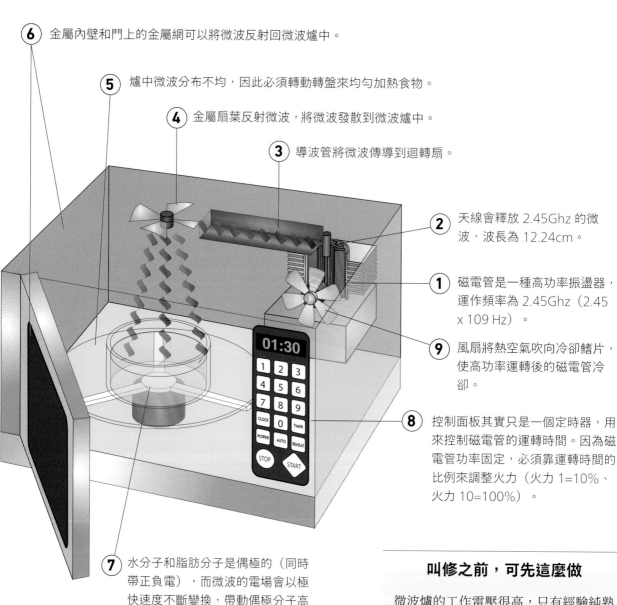

6 金屬內壁和門上的金屬網可以將微波反射回微波爐中。

5 爐中微波分布不均，因此必須轉動轉盤來均勻加熱食物。

4 金屬扇葉反射微波，將微波發散到微波爐中。

3 導波管將微波傳導到迴轉扇。

2 天線會釋放 2.45Ghz 的微波，波長為 12.24cm。

1 磁電管是一種高功率振盪器，運作頻率為 2.45Ghz（2.45 x 109 Hz）。

9 風扇將熱空氣吹向冷卻鰭片，使高功率運轉後的磁電管冷卻。

8 控制面板其實只是一個定時器，用來控制磁電管的運轉時間。因為磁電管功率固定，必須靠運轉時間的比例來調整火力（火力 1=10%、火力 10=100%）。

7 水分子和脂肪分子是偶極的（同時帶正負電），而微波的電場會以極快速度不斷變換，帶動偶極分子高速轉動。微波爐就是靠分子間的摩擦生熱來加熱食物。

叫修之前，可先這麼做

微波爐的工作電壓很高，只有經驗純熟的技術人員才有能力維修內部零件。幸好，像這種放在流理檯上的電器故障，直接換新的花費較少。

微波爐出問題，多是因為人為操作不當，而非機器本身品質不佳。因此，使用前務必詳讀說明書。

廚餘處理機 GARBAGE DISPOSER

廚餘處理機如何運作？

廚餘處理機不太攪得動纖維粗重的廚餘，所以不要把香蕉皮、芹菜、朝鮮薊葉、玉米葉丟進去。另外，攪碎廚餘時，請往廚餘機內多倒點冷水，把殘留的碎渣全沖進廢水管。

請注意，要是你家的洗碗機會把髒水排進廚餘機，一旦廚餘機堵住，洗碗機的髒水也會排不掉。

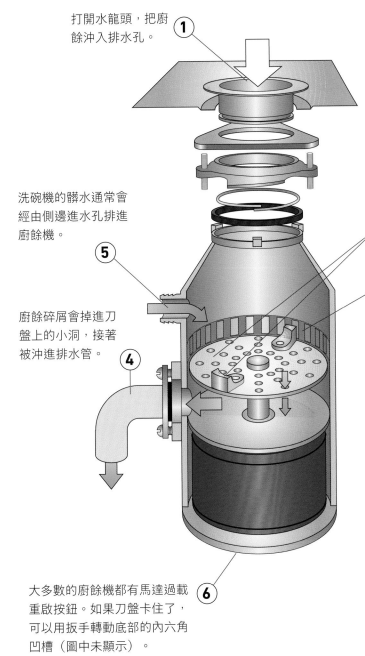

打開水龍頭，把廚餘沖入排水孔。　①

洗碗機的髒水通常會經由側邊進水孔排進廚餘機。　⑤

廚餘碎屑會掉進刀盤上的小洞，接著被沖進排水管。　④

② 攪碎刀盤在馬達驅動下高速旋轉，兩個搗碎槌（或旋轉刀片）和廚餘同時甩向內壁攪打。

③ 內壁上的攪碎孔和轉動的刀盤會攪碎廚餘。

大多數的廚餘機都有馬達過載重啟按鈕。如果刀盤卡住了，可以用扳手轉動底部的內六角凹槽（圖中未顯示）。　⑥

叫修之前，可先這麼做

如果廚餘機一直發出嗡嗡聲，就代表刀盤已卡住：

請先拔掉插頭、關閉電源，用內六角扳手轉動底部凹槽，直到刀盤轉動順暢為止。重新開啟電源後，如果廚餘機還是無法運轉，請按下底部的紅色按鈕重啟馬達。

如果廚餘機底部沒有凹槽，一樣先拔掉插頭、關閉電源，再插入一根木棒轉動刀盤。

廚餘機運轉時，如果水從排水孔倒流回來，出問題的不是廚餘機，而是因為廚餘太多或加太少水，使廚房排水管被堵住了。請參見第一章來疏通排水管。

冰箱 REFRIGERATOR/FREEZER

冰箱如何運作？

冰箱、冷凍庫和冷氣機都應用了熱泵原理。只要運用冷媒壓力和溫度間的相互關係，就能夠達到調節溫度、搬運熱能的效果。（請見第88頁「瓦斯暖爐」。）

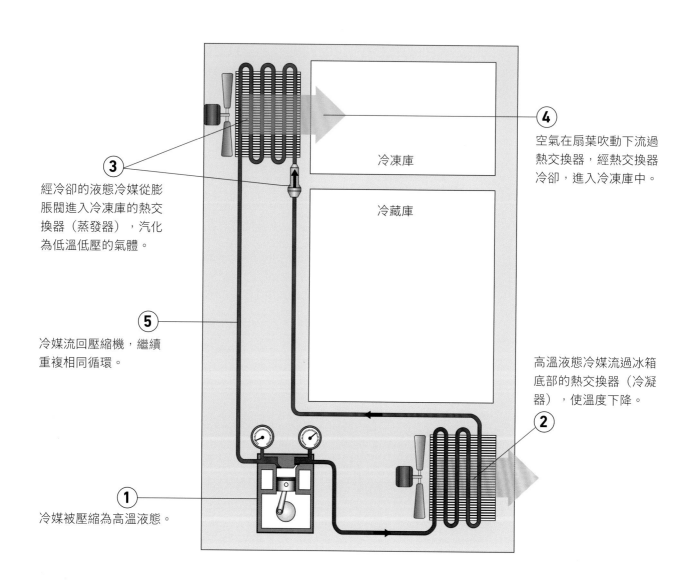

3 經冷卻的液態冷媒從膨脹閥進入冷凍庫的熱交換器（蒸發器），汽化為低溫低壓的氣體。

5 冷媒流回壓縮機，繼續重複相同循環。

1 冷媒被壓縮為高溫液態。

冷凍庫

冷藏庫

4 空氣在扇葉吹動下流過熱交換器，經熱交換器冷卻，進入冷凍庫中。

2 高溫液態冷媒流過冰箱底部的熱交換器（冷凝器），使溫度下降。

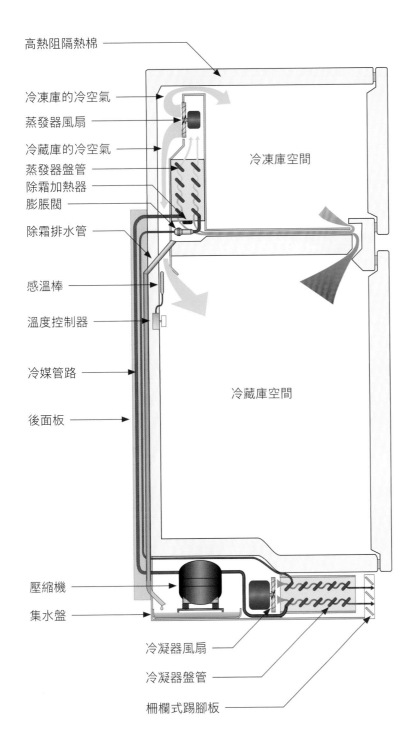

高熱阻隔熱棉

冷凍庫的冷空氣

蒸發器風扇

冷藏庫的冷空氣

蒸發器盤管

除霜加熱器

膨脹閥

除霜排水管

感溫棒

溫度控制器

冷媒管路

後面板

壓縮機

集水盤

冷凍庫空間

冷藏庫空間

冷凝器風扇

冷凝器盤管

柵欄式踢腳板

叫修之前，可先這麼做

如果冰箱完全無法啟動（連燈都不亮），先檢查配電箱內的冰箱斷路器，接著確認冰箱的插頭是否受損或脫落。

如果供電正常，請換一個新燈泡，並注意尺寸和功率要相同。

如果燈泡會亮，請將溫度控制器調到最低溫，聽聽看壓縮機有沒有發出嗡嗡聲。如果沒有，請拆掉底部的踢腳板或將冰箱推離牆壁，再將手放在壓縮機上。只要壓縮機正常運轉，你就會感覺到壓縮機在震動，而且會熱熱的。

如果壓縮機正常運轉但冰箱不冷，有兩種可能：蒸發器盤管結霜了，風扇無法將空氣吹入冷凍庫和冷藏庫，或是冷凝器盤管被灰塵堵塞。

要確認蒸發器盤管是否結霜，請先清空冰箱、拔掉電源、打開冰箱門，讓冰箱靜置 24 小時，再重啟電源。如果冰箱可以正常冷卻，代表除霜器故障了。

要清潔冷凝器盤管，請先拆掉踢腳板，再用冷凝器專用刷（家電行有賣）和吸塵器吸頭來清潔。

製冰機 ICEMAKER

製冰機如何運作？

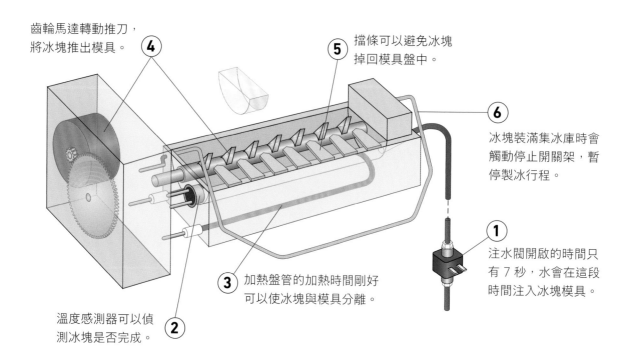

齒輪馬達轉動推刀，將冰塊推出模具。 **④**

擋條可以避免冰塊掉回模具盤中。 **⑤**

⑥ 冰塊裝滿集冰庫時會觸動停止開關架，暫停製冰行程。

加熱盤管的加熱時間剛好可以使冰塊與模具分離。 **③**

① 注水閥開啟的時間只有 7 秒，水會在這段時間注入冰塊模具。

溫度感測器可以偵測冰塊是否完成。 **②**

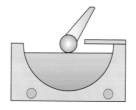

模具內充滿了水，此時推刀指向上方。

冰塊溫度降到冰點以下後，加熱盤管會開始加熱模具，推刀也開始轉動。

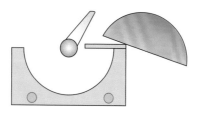

擋條反覆旋轉，將冰塊推到集冰庫中。

叫修之前，可先這麼做

如果製冰機無法繼續製冰：

可能是因為停止開關架卡在上扳位置了。這時，只要把開關架下扳就好。

可能是因為冰塊堵住注水管了。請開啟吹風機的低溫模式，用熱風融化冰塊就好。

也有可能是因為冷凍庫溫度不夠低，無法啟動。請試著把冷凍庫溫度控制器的溫度調低。

注水閥的運轉時間是固定的，要是水壓不足，可能會使注水量變小，導致冰塊體積偏小。如果前機殼內部或表面有注水調節螺絲或旋鈕，請朝逆時鐘方向轉動，就能延長注水時間並加大冰塊體積。

垃圾壓縮機 TRASH COMPACTOR

垃圾壓縮機如何運作？

⑨ 為了安全起見，壓縮機可用鑰匙上鎖，壓縮機的運轉或停止可透過鑰匙開關控制。

⑧ 壓縮機具碰觸到頂部的停止開關後，就會停止。

按下按鈕或開關後，馬達會通電並開始運轉。

將垃圾桶裝置推回原位，會順帶啟動安全開關。

把垃圾丟入桶中的垃圾袋。

⑥ 千斤頂將壓縮機具向下扯，以最大約 2,270 公斤的力量壓縮垃圾。

⑦ 馬達負荷會漸漸增加，轉速因此越來越慢，直到觸發會改變馬達旋轉方向的離心開關為止。

⑤ 鏈條（很像腳踏車用的鏈條）連接了馬達的驅動齒輪和兩個螺旋千斤頂底端的鏈輪。

① 踩下踏板即可拉開下層垃圾桶。

叫修之前，可先這麼做

垃圾壓縮機通常會使用流理檯下方的插座。如果壓縮機無法啟動，先把壓縮機插頭拔掉，改插上收音機或其他小家電確認供電是否正常。如果插座沒電，請檢查一下配電箱中的斷路器。

如果插座有電，請確認垃圾桶已經完全闔上，且安全開關已經開啟。記得檢查鑰匙開關是否切到關閉位置。

如果垃圾桶拉不太出來，可能是有食物卡住滑軌。先把整個垃圾桶搬出來，用牙刷沾清潔劑清潔滑輪和滑軌，再用一般的潤滑油替滑輪上油。

吸塵器 VACUUM CLEANERS

吸塵器如何運作？

吸塵器使用高速氣流來吸入灰塵和碎屑，所以吸塵器馬力大小相當重要。氣流速度越快，就可以吸起越大密度的材料。吸地毯時，需要安裝旋轉毛刷。毛刷邊旋轉邊震動地毯，拍出卡在絨毛深處的塵土。

在空氣從吸塵器排回室內之前，一定要做好塵氣分離，也就是盡量濾掉空氣中的微粒，否則吸塵只等於替灰塵移位而已。

塵氣分離的方法基本上有兩種：過濾式和離心式（見左上圖）。

過濾式與離心式吸塵器

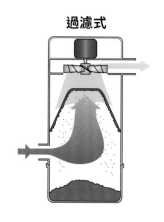

過濾式

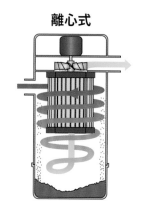

離心式

過濾式吸塵器使用小孔隙濾紙或濾袋來過濾空氣，不同的孔隙大小各有利弊。孔隙越大，氣流速度越快，但灰塵和微生物也越容易通過。小孔隙過濾效果好，但灰塵容易堆積在濾材上，使吸力快速下降。

商用吸塵器和乾濕兩用吸塵器可以清潔粗顆粒物體和液體。這兩種吸塵器的濾網過濾效果有限，主要靠氣流進入體積龐大的集塵盒時流速變慢、載塵能力下降，達到塵氣分離的效果。

可攜式吸塵器

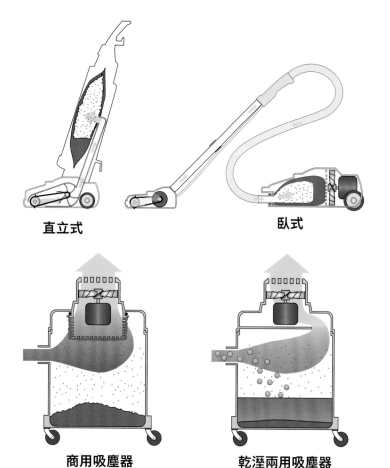

直立式

臥式

商用吸塵器

乾溼兩用吸塵器

離心式（又稱旋風式）吸塵器運用離心力和重力來分離灰塵。離心力會將沿著圓弧路徑移動的物體拋出圓弧之外，如果我們開車高速行駛在彎道上，就會感受到離心力。吸塵器會讓挾帶灰塵的氣流高速旋轉，將或粗或細的灰塵拋出集塵杯，灰塵會在重力作用下落在集塵盒裡。

中央吸塵系統

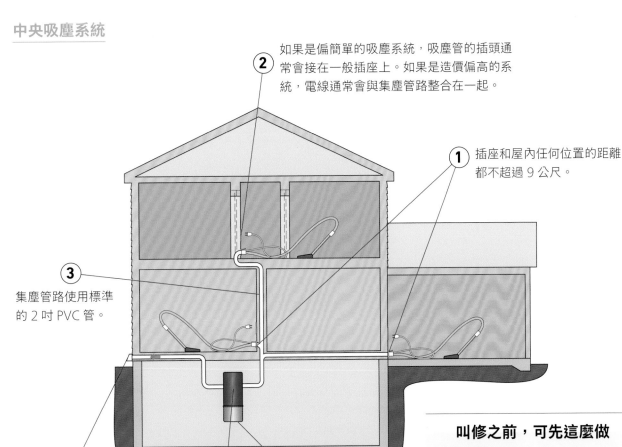

2 如果是偏簡單的吸塵系統，吸塵管的插頭通常會接在一般插座上。如果是造價偏高的系統，電線通常會與集塵管路整合在一起。

1 插座和屋內任何位置的距離都不超過 9 公尺。

3 集塵管路使用標準的 2 吋 PVC 管。

4 把空氣排出屋外就能確保灰塵不會回到屋內，當然也不用考慮濾網的過濾能力。

5 動力元件和集塵盒的位置不限，放在地下室或車庫中製造的噪音干擾最少。

6 外接集塵盒能夠降低清理灰塵的頻率。

叫修之前，可先這麼做

如果吸塵器啟動後吸力不足，有以下三種可能：

濾袋或集塵盒滿了，請更換濾袋或清空集塵盒。

第二濾網（如 HEPA 濾網）需要清潔或更換。

軟管堵塞了，請取下軟管然後拉直，再用通管器把堵塞物挖出來。絕對不可以用蠻力把堵塞物從另一端推出去。

如果吸頭的旋轉毛刷不會動，可能是傳動皮帶壞了。到家電行買一條新皮帶，拆掉舊皮帶的固定螺絲，直接換上新皮帶即可，完全不難。

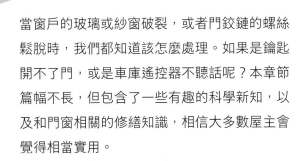

家中的門窗

7
家中的門窗

WINDOWS & DOORS

當窗戶的玻璃或紗窗破裂,或者門鉸鏈的螺絲鬆脫時,我們都知道該怎麼處理。如果是鑰匙開不了門,或是車庫遙控器不聽話呢?本章節篇幅不長,但包含了一些有趣的科學新知,以及和門窗相關的修繕知識,相信大多數屋主會覺得相當實用。

如果你打算購入新窗戶或是替換品,建議先閱讀第 154 頁的「Low-E 低輻射塗布玻璃」。

美式提拉窗 DOUBLE-HUNG WINDOW

老舊木窗

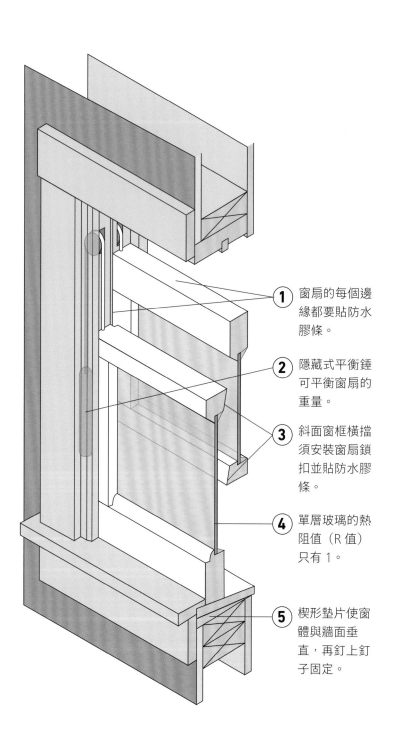

① 窗扇的每個邊緣都要貼防水膠條。

② 隱藏式平衡錘可平衡窗扇的重量。

③ 斜面窗框橫擋須安裝窗扇鎖扣並貼防水膠條。

④ 單層玻璃的熱阻值（R 值）只有 1。

⑤ 楔形墊片使窗體與牆面垂直，再釘上釘子固定。

美式提拉窗如何運作？

木窗價格高昂，新住宅建案已鮮少使用木窗。不管是新式的塑鋼窗、鋁窗，甚至是含雙層 Low-E 玻璃的玻璃纖維窗，都比木窗經濟實惠又節能。

不過，如果原本的木窗維護良好，且預算有限，可以試著重新粉刷、補土並貼防水膠條，再加裝自製的雙層隔熱板（見第 156-157 頁）。

更換之前，可先這麼做

如果吊窗繩壞了，而且平衡錘掉了下來，你可以考慮先把滑輪縫隙封好，避免屋內的熱量從縫隙散失。接著將下窗扇抬到開啟位置，從窗扇（窗扇框）內側朝窗框鑽出直徑約 0.6 公分的洞，再將長釘插入洞內連接窗扇與窗框，便可防止窗扇落下。

窗戶無法上鎖時，先放下窗扇，鑽個小洞，再放入釘子固定，這樣就能鎖住窗戶。

更換破裂的玻璃時，先用熱風槍加熱密封的舊補土，再拿補土刀或鑿子刮除舊補土，接著拆除固定墊片並取下破裂的玻璃。到五金賣場買規格相同的玻璃，回家更換。24 小時後，再粉刷木框，並用補土密封。

現代塑鋼窗或鋁窗

俯視剖面

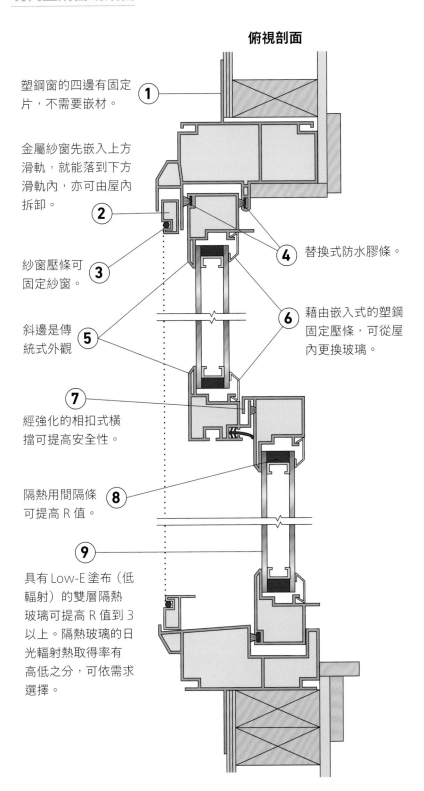

塑鋼窗的四邊有固定片，不需要嵌材。 **①**

金屬紗窗先嵌入上方滑軌，就能落到下方滑軌內，亦可由屋內拆卸。 **②**

紗窗壓條可固定紗窗。 **③**

斜邊是傳統式外觀 **⑤**

經強化的相扣式橫擋可提高安全性。 **⑦**

隔熱用間隔條可提高 R 值。 **⑧**

具有 Low-E 塗布（低輻射）的雙層隔熱玻璃可提高 R 值到 3 以上。隔熱玻璃的日光輻射熱取得率有高低之分，可依需求選擇。 **⑨**

④ 替換式防水膠條。

⑥ 藉由嵌入式的塑鋼固定壓條，可從屋內更換玻璃。

如果你家的屋齡不到 25 年，家裡的窗戶應該都是塑鋼窗。塑鋼比木頭省能，而且更容易維護，因此塑鋼窗幾乎取代了木窗，連老屋保存人士也擋不住這股潮流。

如果你家是歷史建築，建議你好好保留家裡的木窗。真要換掉的話，就改用現代窗戶。

更換之前，可先這麼做

不喜歡塑鋼表面的顏色？你可以先用清潔劑和菜瓜布清潔塑鋼表面，再用丙酮輕輕擦拭，最後使用半光的室外壓克力乳膠油漆刷上你喜歡的顏色。

玻璃起霧或龜裂，怎麼辦？先試著把固定玻璃的塑鋼壓條拆掉，再取下雙層窗玻璃。將玻璃拿到附近的五金行，請店家測量並訂製同樣尺寸的替換品，記得問店家新玻璃怎麼裝才牢靠。

防蟲紗窗破了，怎麼辦？先取下固定壓條和紗窗，到五金賣場或玻璃行購買直徑相同的壓條以及玻纖紗窗，再用壓繩滾輪工具裝上新品。

紗窗框受損了怎麼辦？只要用鋁擠條以及紗窗角就能自製紗窗框了，這兩種材料五金賣場都買得到。

Low-E 低輻射塗布玻璃 LOW-E WINDOWS

Low-E 低輻射塗布玻璃如何運作？

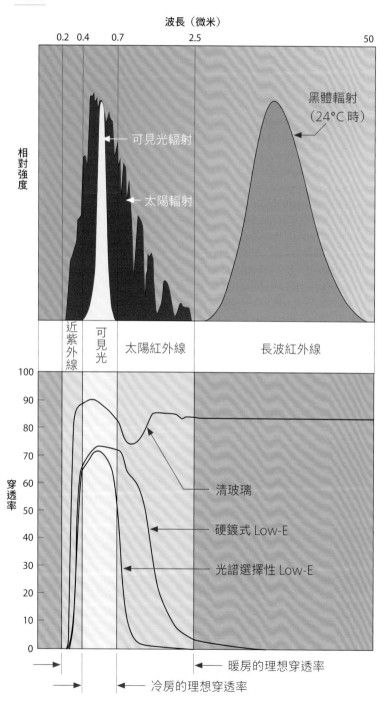

輻射

波長（微米）

輻射無所不在。有些輻射肉眼可見，如陽光和燭光。有些輻射則非肉眼可見，但人體感覺得到，如溫暖物體放出的輻射熱。絕大多數的輻射既非肉眼可見，人體也感覺不到，像無線電波和紫外線，紫外線更是家中地毯褪色、皮膚灼傷的元凶。以上所有輻射類型，都以電磁波形式在空間中傳播。

左上圖顯示，太陽輻射強度會隨波長變化。中央黃色區域是肉眼可見的波長範圍。左方紅色區域是波長較短的紫外線輻射。右方紅色區域則是波長較長的紅外線輻射。許多人都很驚訝，原來人眼只能「看到」這麼小部分的太陽輻射。

許多人發現包括家中牆壁和家具的所有物體都會釋放輻射時，都覺得很驚訝。這類輻射的差別只有波長而已。灰色區域即為 24°C 時，室內所釋放的輻射。

為什麼屋主必須考慮輻射因素？因為輻射是一種能量，而且處理能量很花錢，無論是要引入能量（暖房）或是要排出能量（冷房），成本都很高昂。

窗戶不是最完美的能量閥。我們想引入陽光照亮室內空間，但又不希望窗簾因紫外線照射而褪色，我們希望陽光能在寒冬中帶來溫暖，但又不希望這些熱能一到晚上就散失，天氣一轉熱，在冬天人見人愛的輻射反而不受歡迎。

能量穿透率比較

☐ 可見光穿透率　　■ 日光輻射熱取得率　　▨ 熱阻（R）

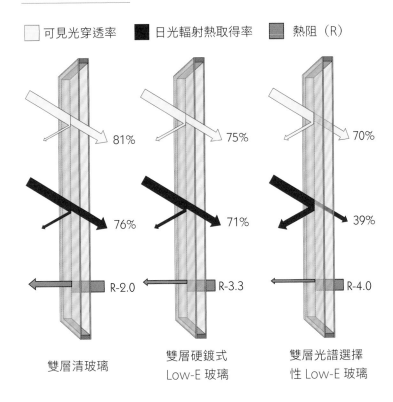

81%　　76%　　R-2.0

雙層清玻璃

75%　　71%　　R-3.3

雙層硬鍍式
Low-E 玻璃

70%　　39%　　R-4.0

雙層光譜選擇
性 Low-E 玻璃

對電費的影響

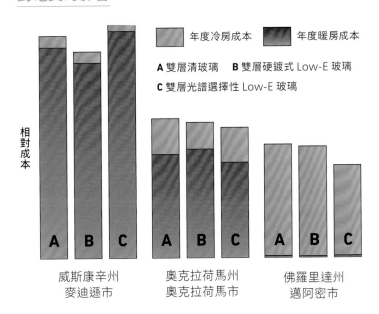

▨ 年度冷房成本　　■ 年度暖房成本

A 雙層清玻璃　　**B** 雙層硬鍍式 Low-E 玻璃
C 雙層光譜選擇性 Low-E 玻璃

相對成本

威斯康辛州
麥迪遜市

奧克拉荷馬州
奧克拉荷馬市

佛羅里達州
邁阿密市

前頁下圖為三種玻璃的穿透率曲線圖（即輻射能穿透的比率），包括：

- 標準清玻璃
- 硬鍍式 Low-E 玻璃
- 光譜選擇性 Low-E 玻璃

如圖所示，90% 可見光、80% 紅外線以及部分紫外線可穿透標準清玻璃。反之Low-E 玻璃則能阻擋長波紅外線。冬天時，一般會將長波紅外線產生的熱能留在屋內，以保持室內溫暖。

請注意兩種 Low-E 玻璃之間的差異。硬鍍式 Low-E 玻璃能被大多數太陽輻射穿透，而光譜選擇式 Low-E 玻璃只能被可見光穿透。

這種差異造成的影響，你可以參考左下方長條圖。圖的長條柱分別顯示在三種氣候環境下，在條件相同的 185.8 平方公尺住家中裝設三種不同的玻璃時，每年需支付多少暖房（紅色）及冷房（藍色）費用。

在需要供應暖氣的地區（如威斯康辛州麥迪遜市），裝設硬鍍式 Low-E 玻璃可省下最多開銷。在這些地區，暖房通常是全年最大筆的開銷，冬天時若能累積太陽輻射熱，就能壓低暖房開銷了。

在需要冷卻的地區（如佛羅里達州邁阿密市），太陽輻射熱會提高住宅冷房的難度，必須裝設光譜選擇式玻璃才能降低開銷。至於某些暖房和冷房開銷差異不大的地區（如奧克拉荷馬市），太陽輻射熱對暖房及冷房的影響會相互抵銷，因此不太需要計較裝哪種玻璃好。

窗戶隔熱板 WINDOW INSULATING PANEL

窗戶隔熱板如何運作？

下圖是為自製的 R-2 隔熱板，可將單層玻璃的 R 值從 1 提升到 3，減少 67% 熱損失，或將雙層玻璃的 R 值從 2 提升到 4，減少 50% 熱損失。

右頁圖表顯示每裝設一扇 30 × 60 吋（76.2 x 152.4 公分）的窗戶，每年可節省的暖房開銷。

自製隔熱板的所有材料在五金賣場都買得到。

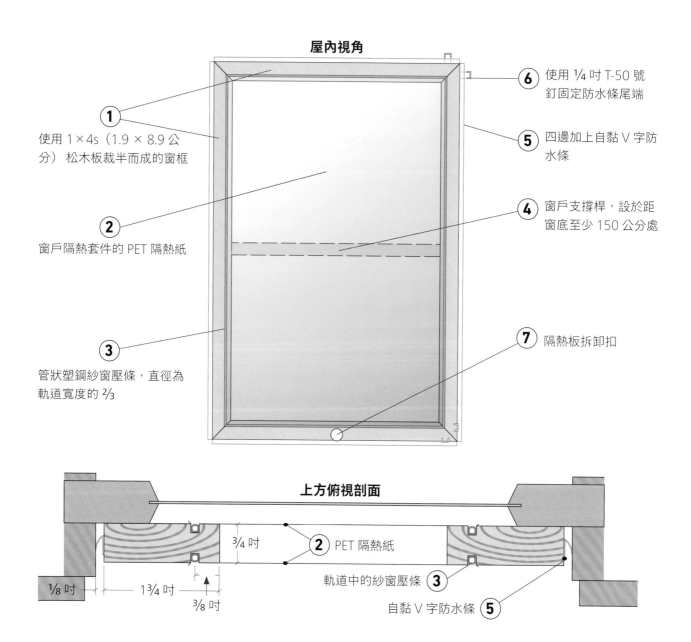

屋內視角

1 使用 1×4s（1.9 × 8.9 公分）松木板裁半而成的窗框

2 窗戶隔熱套件的 PET 隔熱紙

3 管狀塑鋼紗窗壓條，直徑為軌道寬度的 ⅔

6 使用 ¼ 吋 T-50 號釘固定防水條尾端

5 四邊加上自黏 V 字防水條

4 窗戶支撐桿，設於距窗底至少 150 公分處

7 隔熱板拆卸扣

上方俯視剖面

¾ 吋

2 PET 隔熱紙

⅛ 吋　　1¾ 吋　　⅜ 吋

軌道中的紗窗壓條 **3**

自黏 V 字防水條 **5**

一扇 30 × 60 吋（76.2 x 152.4 公分）窗戶的年度暖房支出

環境條件設定為緬因州波特蘭市、天然氣價格 14 美金／1,000 立方吋（約 16,387 立方公分）、熱效率 70%，計算後之開銷為 2 美金／100,000 BTU（英熱單位）。

■ 因淨熱損失而耗損的燃料
□ 因淨熱得而節省的燃料

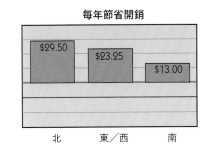

單層玻璃

$40.00	$20.75	-$11.25

單層玻璃加隔熱板

$10.75	-$2.50	-$24.25

每年節省開銷

$29.50	$23.25	$13.00

每扇窗戶的暖房開銷

朝向　　　北　　東／西　　南　　　　　　北　　東／西　　南　　　　　　北　　東／西　　南

室外嵌入式裝置

室內視角

任一側的頂端間隙

* 如果嵌入自製的隔熱板時發現任一側的間隙大於 0.6 公分，就須使用右圖的外貼式安裝。

最小高度

最小寬度

使用三角積層板

室外平貼式裝置

室內視角

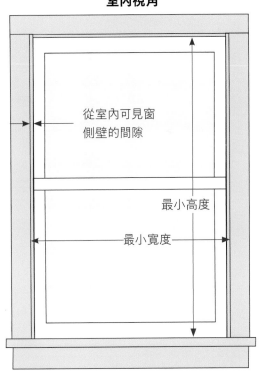

從室內可見窗側壁的間隙

最小高度

最小寬度

上方俯視剖面

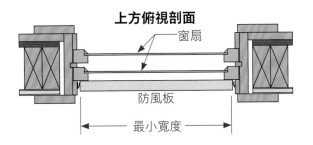

窗扇

防風板

最小寬度

上方俯視剖面

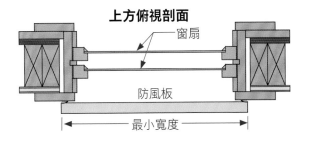

窗扇

防風板

最小寬度

圓筒鎖 CYLINDER LOCK

圓筒鎖如何運作？

圓筒鎖芯

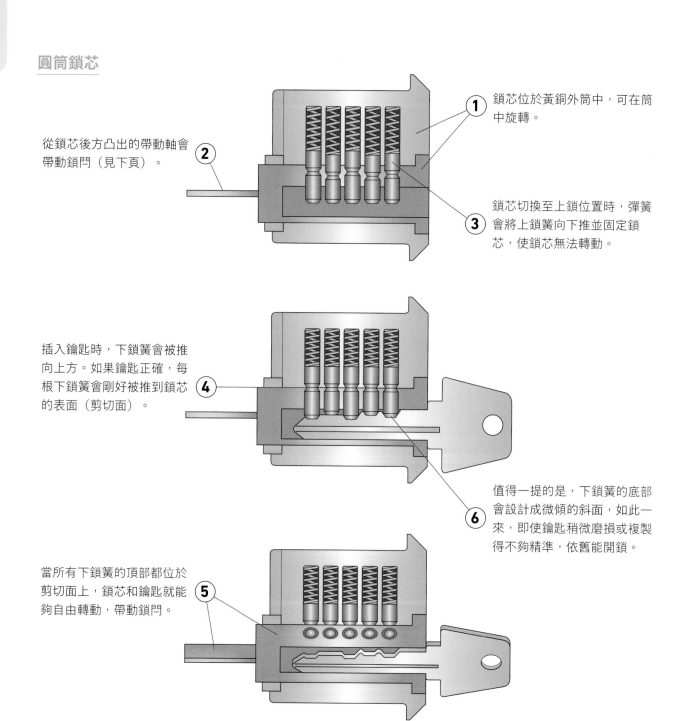

① 鎖芯位於黃銅外筒中，可在筒中旋轉。

② 從鎖芯後方凸出的帶動軸會帶動鎖閂（見下頁）。

③ 鎖芯切換至上鎖位置時，彈簧會將上鎖簧向下推並固定鎖芯，使鎖芯無法轉動。

④ 插入鑰匙時，下鎖簧會被推向上方。如果鑰匙正確，每根下鎖簧會剛好被推到鎖芯的表面（剪切面）。

⑥ 值得一提的是，下鎖簧的底部會設計成微傾的斜面，如此一來，即使鑰匙稍微磨損或複製得不夠精準，依舊能開鎖。

⑤ 當所有下鎖簧的頂部都位於剪切面上，鎖芯和鑰匙就能夠自由轉動，帶動鎖閂。

輔助鎖及喇叭鎖 DEADBOLT & KEYED KNOB

輔助鎖及喇叭鎖如何運作？

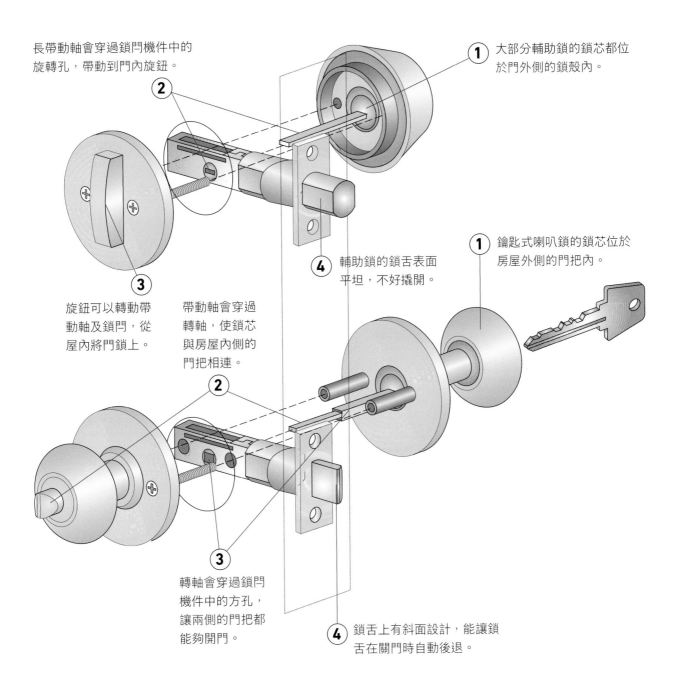

長帶動軸會穿過鎖門機件中的旋轉孔，帶動到門內旋鈕。

2

1 大部分輔助鎖的鎖芯都位於門外側的鎖殼內。

3 旋鈕可以轉動帶動軸及鎖門，從屋內將門鎖上。

帶動軸會穿過轉軸，使鎖芯與房屋內側的門把相連。

4 輔助鎖的鎖舌表面平坦，不好撬開。

1 鑰匙式喇叭鎖的鎖芯位於房屋外側的門把內。

2

3 轉軸會穿過鎖門機件中的方孔，讓兩側的門把都能夠開門。

4 鎖舌上有斜面設計，能讓鎖舌在關門時自動後退。

車庫開門裝置 GARAGE DOOR OPENER

車庫開門裝置如何運作？

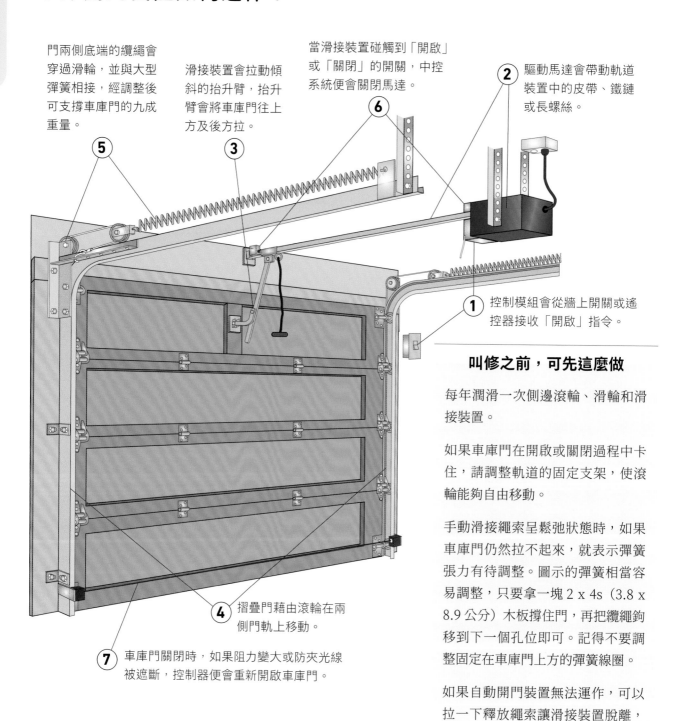

門兩側底端的纜繩會穿過滑輪，並與大型彈簧相接，經調整後可支撐車庫門的九成重量。

⑤

滑接裝置會拉動傾斜的抬升臂，抬升臂會將車庫門往上方及後方拉。

③

當滑接裝置碰觸到「開啟」或「關閉」的開關，中控系統便會關閉馬達。

⑥

驅動馬達會帶動軌道裝置中的皮帶、鐵鏈或長螺絲。

②

① 控制模組會從牆上開關或遙控器接收「開啟」指令。

④ 摺疊門藉由滾輪在兩側門軌上移動。

⑦ 車庫門關閉時，如果阻力變大或防夾光線被遮斷，控制器便會重新開啟車庫門。

叫修之前，可先這麼做

每年潤滑一次側邊滾輪、滑輪和滑接裝置。

如果車庫門在開啟或關閉過程中卡住，請調整軌道的固定支架，使滾輪能夠自由移動。

手動滑接繩索呈鬆弛狀態時，如果車庫門仍然拉不起來，就表示彈簧張力有待調整。圖示的彈簧相當容易調整，只要拿一塊 2 x 4s（3.8 x 8.9 公分）木板撐住門，再把纜繩鉤移到下一個孔位即可。記得不要調整固定在車庫門上方的彈簧線圈。

如果自動開門裝置無法運作，可以拉一下釋放繩索讓滑接裝置脫離，再手動開啟或關閉車庫門。

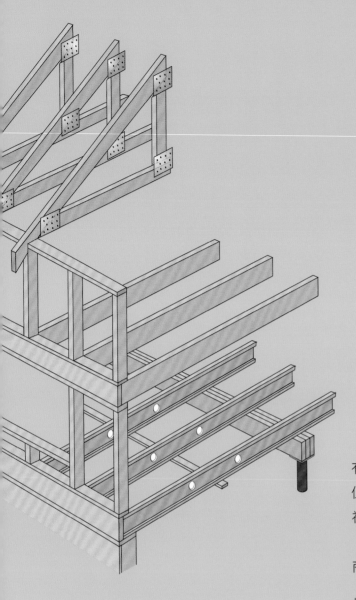

房屋基礎及結構

FOUNDATION & FRAME

8

有位睿智的建築工人曾經告訴我：「地下室是一口井，但你會希望井裡永遠不要有水。」屋主還會成天禱告，祈求上帝保佑地下室能永保乾燥。全美住房建築商協會（National Association of Home Builders）表示，建商接到的客訴電話，大多跟房屋基礎出問題有關。

地基只要設計妥善又蓋得好，就不會給屋主惹麻煩。要是沒蓋好，大大小小的問題就會接踵而來。

本章會告訴你，妥善設計的房屋基礎具有哪些特點。基礎設計得好，房屋就不會冒出隆起、下陷、淹水或氡氣沉積等問題。

相反地，房屋的結構倒很少出狀況，但屋主如果想動到結構，或者想蓋新屋、重新翻修住宅，就得小心結構出問題。房屋結構是建築物的支柱，會承受龐大應力，所以更動結構時絕對不能草率。本章將透過插圖介紹建築結構演變史，從美國開拓時期的木造梁柱結構講起，一路談到現代更先進的工程結構。只要了解結構原理，我們在修繕時就能知道每道牆能支撐房屋哪部分重量了。

基腳 FOOTING

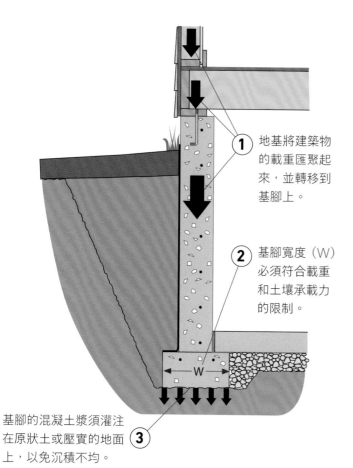

① 地基將建築物的載重匯聚起來，並轉移到基腳上。

② 基腳寬度（W）必須符合載重和土壤承載力的限制。

基腳的混凝土漿須灌注在原狀土或壓實的地面上，以免沉積不均。③

外圍隔熱材向下、向外延伸，並延伸長度到和凍線等長，才能保護基腳。④

⑤ 基腳必須深入凍線以下，以免冬天地表結凍晃動房屋。

結凍

凍線

基腳如何運作？

基腳的功用只有一種，就是把建築物載重分散到地上，確保建築物絕對不會位移。因此，基腳必須具備以下條件：

- 立於原狀土或壓實的土壤上。
- 體積夠大，使載重不會超出土壤承載力。
- 鑽入最深凍線以下。

表 1 列出各種土壤的承載力推算值。

表 2 摘自《國際住宅規範》（International Residential Code），顯示基腳所需最小寬度與土壤承載力、建屋方式、樓層數的關係。

表 1：各種土壤的承載力

材質	土壤承載力（磅／平方呎）
結晶底岩	12,000
沉積底岩	4,000
砂質礫石和礫石	3,000
砂、粉土質砂、黏土質砂、粉土質礫石、黏土質礫石	2,000
黏土、砂質黏土、粉土質黏土、黏土質粉土	1,500

表 2：混凝土基腳的寬度（英吋）

	土壤承載力（磅／平方呎）			
	1,500	2,000	3,000	4,000
	輕型木結構			
1 層	12	12	12	12
2 層	15	12	12	12
3 層	23	17	12	12
	磚塊外牆，內層以木頭或 8 吋空心磚堆疊			
1 層	12	12	12	12
2 層	21	16	12	12
3 層	32	24	16	12

排水系統 DRAINAGE

排水系統如何運作？

除非是「平地走出型」的地下室（至少有一側和地面齊平），或周圍鋪了排水良好的沙礫、水位又很低，否則地下室就跟水井或池塘沒兩樣，只差在我們希望地下室保持乾燥。以下是保持地下室乾燥的方式。

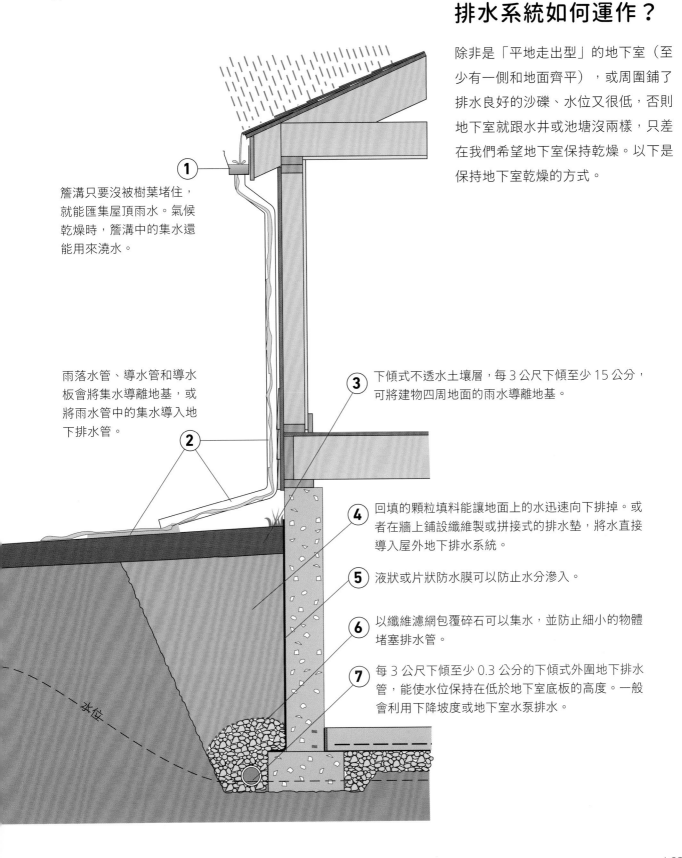

① 簷溝只要沒被樹葉堵住，就能匯集屋頂雨水。氣候乾燥時，簷溝中的集水還能用來澆水。

② 雨落水管、導水管和導水板會將集水導離地基，或將雨水管中的集水導入地下排水管。

③ 下傾式不透水土壤層，每 3 公尺下傾至少 15 公分，可將建物四周地面的雨水導離地基。

④ 回填的顆粒填料能讓地面上的水迅速向下排掉。或者在牆上鋪設纖維製或拼接式的排水墊，將水直接導入屋外地下排水系統。

⑤ 液狀或片狀防水膜可以防止水分滲入。

⑥ 以纖維濾網包覆碎石可以集水，並防止細小的物體堵塞排水管。

⑦ 每 3 公尺下傾至少 0.3 公分的下傾式外圍地下排水管，能使水位保持在低於地下室底板的高度。一般會利用下降坡度或地下室水泵排水。

水位

降低氡氣 RADON ABATEMENT

如何降低氡氣？

氡氣是會導致肺癌的放射性氣體，常累積在地下室和管線空間中。美國國家環境保護局（EPA）建議，房屋在落成和轉賣時都必須實施氡氣檢測，一旦每公升空氣含氡氣超過 4 微微居里，就得採取改善措施。

最快也最普遍的抽氡氣方法，是在地下室或管線空間裝設氡氣抽排設備（如圖所示）。

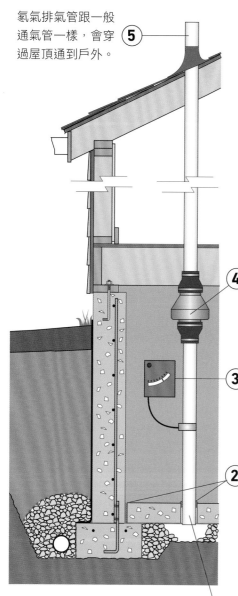

氡氣排氣管跟一般通氣管一樣，會穿過屋頂通到戶外。 ⑤

④ 風扇可以裝在閣樓（假設閣樓還有空間）或地下室。

③ 安裝在風扇吸入端的壓力計，能用來判斷整套降氡氣系統是否正常運作。

② 底板四周的孔隙都要封死。

① 想降低氡氣，最好的做法是把碎石層的地下樓底板做好密封。目前新蓋的房屋，都會在混凝土底板灌漿的時候順便裝設口徑 4 吋（10.16 公分）的 PVC 排氣管。如果是早就灌好的底板，可以先用電鑽鑽出 4 吋的洞，再安裝 PVC 排氣管。

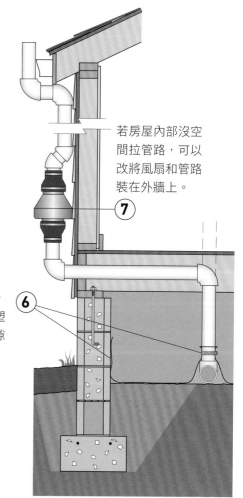

若房屋內部沒空間拉管路，可以改將風扇和管路裝在外牆上。 ⑦

若在泥土地板上抽氡氣，要先用 0.02 公分厚的塑膠薄膜密封好牆壁、縫隙和抽氣管四周。 ⑥

板式基礎 SLAB FOUNDATION

板式基礎如何運作？

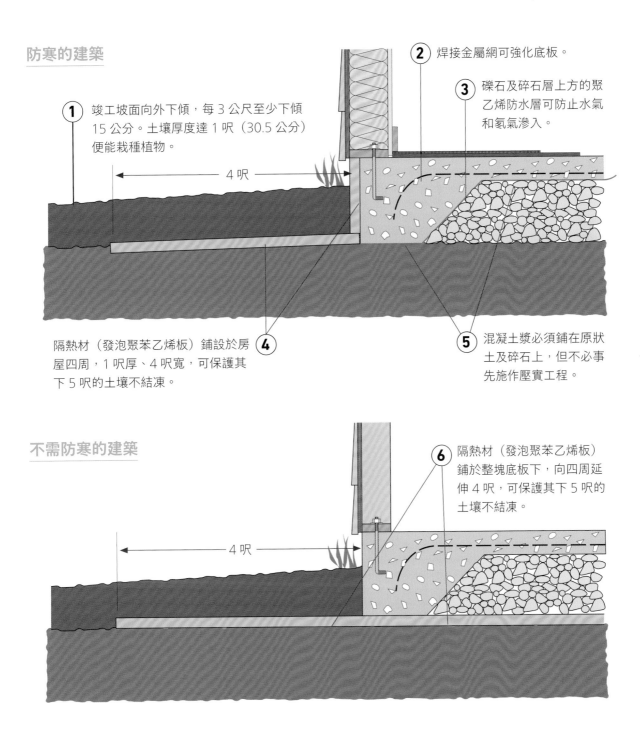

防寒的建築

① 竣工坡面向外下傾，每 3 公尺至少下傾 15 公分。土壤厚度達 1 呎（30.5 公分）便能栽種植物。

4 呎

② 焊接金屬網可強化底板。

③ 礫石及碎石層上方的聚乙烯防水層可防止水氣和氡氣滲入。

④ 隔熱材（發泡聚苯乙烯板）鋪設於房屋四周，1 呎厚、4 呎寬，可保護其下 5 呎的土壤不結凍。

⑤ 混凝土漿必須鋪在原狀土及碎石上，但不必事先施作壓實工程。

不需防寒的建築

4 呎

⑥ 隔熱材（發泡聚苯乙烯板）鋪於整塊底板下，向四周延伸 4 呎，可保護其下 5 呎的土壤不結凍。

管線空間式基礎 CRAWL SPACE FOUNDATION (板下設有管線空間)

管線空間式基礎如何運作？

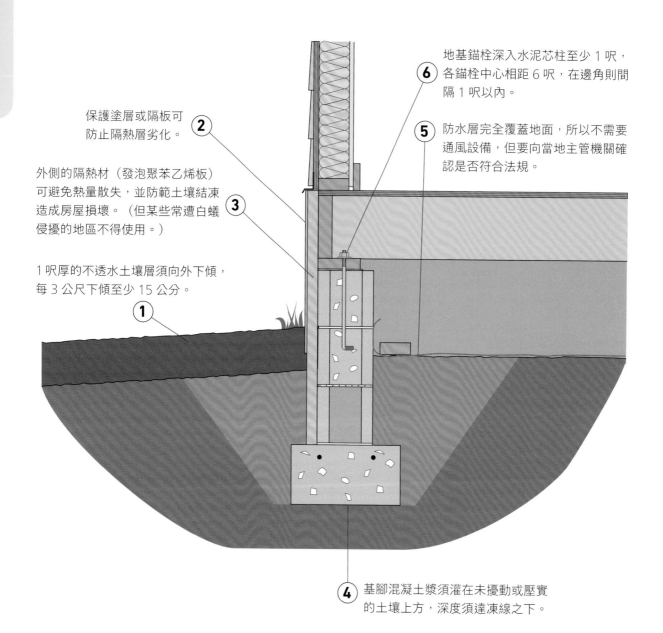

保護塗層或隔板可
防止隔熱層劣化。

②

外側的隔熱材（發泡聚苯乙烯板）
可避免熱量散失，並防範土壤結凍
造成房屋損壞。（但某些常遭白蟻
侵擾的地區不得使用。）

③

1 呎厚的不透水土壤層須向外下傾，
每 3 公尺下傾至少 15 公分。

①

地基錨栓深入水泥芯柱至少 1 呎，
各錨栓中心相距 6 呎，在邊角則間
隔 1 呎以內。

⑥

防水層完全覆蓋地面，所以不需要
通風設備，但要向當地主管機關確
認是否符合法規。

⑤

基腳混凝土漿須灌在未擾動或壓實
的土壤上方，深度須達凍線之下。

④

椿筏基礎 GRADE BEAM FOUNDATION

椿筏基礎如何運作？

由地梁構成的混凝土基礎，提供支撐的不是基腳，而是深入土壤的長椿。位於陡峭斜坡或不穩定土壤上的房屋很適合打長椿，垂直方向上的支撐力，大多來自土壤對長椿施加的水平壓力。

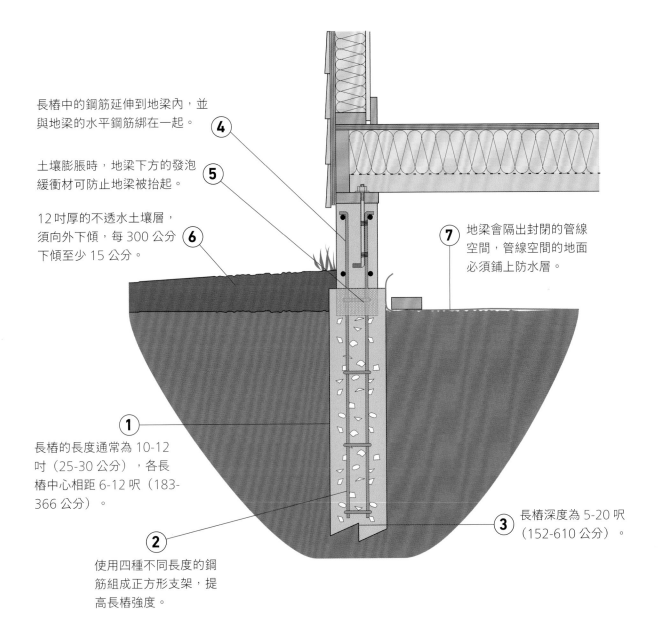

長椿中的鋼筋延伸到地梁內，並與地梁的水平鋼筋綁在一起。 **4**

土壤膨脹時，地梁下方的發泡緩衝材可防止地梁被抬起。 **5**

12 吋厚的不透水土壤層，須向外下傾，每 300 公分下傾至少 15 公分。 **6**

7 地梁會隔出封閉的管線空間，管線空間的地面必須鋪上防水層。

1 長椿的長度通常為 10-12 吋（25-30 公分），各長椿中心相距 6-12 呎（183-366 公分）。

3 長椿深度為 5-20 呎（152-610 公分）。

2 使用四種不同長度的鋼筋組成正方形支架，提高長椿強度。

完整地下室基礎 FULL FOUNDATION

完整地下室基礎如何運作？

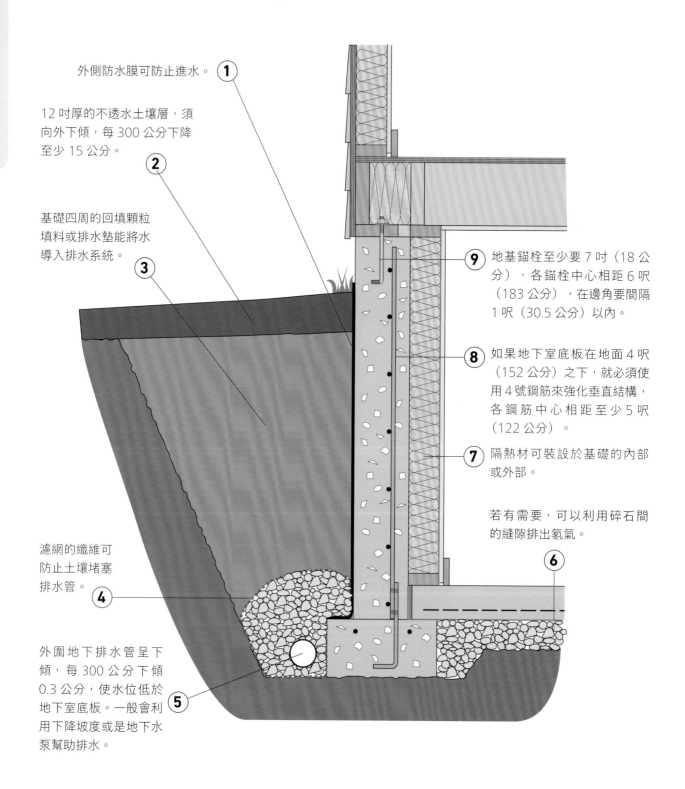

外側防水膜可防止進水。 ①

12 吋厚的不透水土壤層，須向外下傾，每 300 公分下降至少 15 公分。 ②

基礎四周的回填顆粒填料或排水墊能將水導入排水系統。 ③

⑨ 地基錨栓至少要 7 吋（18 公分），各錨栓中心相距 6 呎（183 公分），在邊角要間隔 1 呎（30.5 公分）以內。

⑧ 如果地下室底板在地面 4 呎（152 公分）之下，就必須使用 4 號鋼筋來強化垂直結構，各鋼筋中心相距至少 5 呎（122 公分）。

⑦ 隔熱材可裝設於基礎的內部或外部。

若有需要，可以利用碎石間的縫隙排出氡氣。 ⑥

濾網的纖維可防止土壤堵塞排水管。 ④

外圍地下排水管呈下傾，每 300 公分下傾 0.3 公分，使水位低於地下室底板。一般會利用下降坡度或是地下水泵幫助排水。 ⑤

椿基礎 PIER FOUNDATION

椿基礎如何運作？

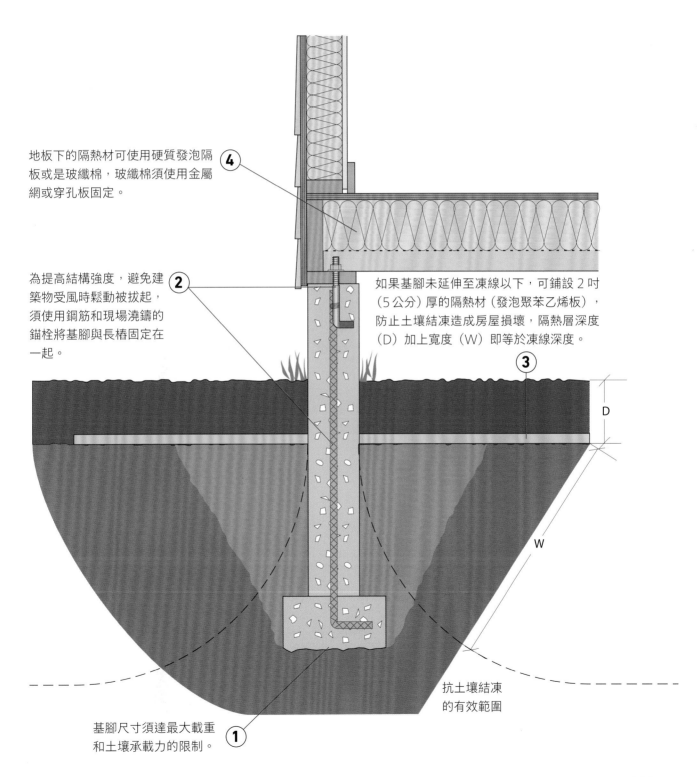

地板下的隔熱材可使用硬質發泡隔板或是玻纖棉，玻纖棉須使用金屬網或穿孔板固定。 **4**

為提高結構強度，避免建築物受風時鬆動被拔起，須使用鋼筋和現場澆鑄的錨栓將基腳與長椿固定在一起。 **2**

如果基腳未延伸至凍線以下，可鋪設 2 吋（5 公分）厚的隔熱材（發泡聚苯乙烯板），防止土壤結凍造成房屋損壞，隔熱層深度（D）加上寬度（W）即等於凍線深度。 **3**

D

W

抗土壤結凍的有效範圍

基腳尺寸須達最大載重和土壤承載力的限制。 **1**

房屋結構承受的各種載重 FORCES ON THE FRAME

房屋結構承受的載重有哪些？

靜載重（磅／平方呎，縮寫 psf）是建築物自身結構的重量。傳統木造建築各部分的靜載重假定值如圖所示。

靜載重

屋頂：
輕量型材料，10psf
中量型材料，15psf
重量型材料，20psf ①

外牆：10psf ③

內牆：10psf ④

② 天花板：
無儲藏物，5psf
有儲藏物，10psf

⑤ 地板：10psf

活載重（psf）是建築物內空間被使用時所承受的重量（含家具及人）。《國際住宅規範》所規定的活載重如圖所示。

活載重

屋頂（坡度）：
坡度 < 4/12，20psf
坡度 = 4–12/12，16psf
坡度 > 12/12，12psf ⑦

臥室：30psf ④

樓梯：40psf ⑥

浴室以外的
起居空間：40psf ⑤

① 閣樓：
無儲藏物，10psf
有儲藏物，20psf

③ 陽臺：60psf

② 涼臺：40psf

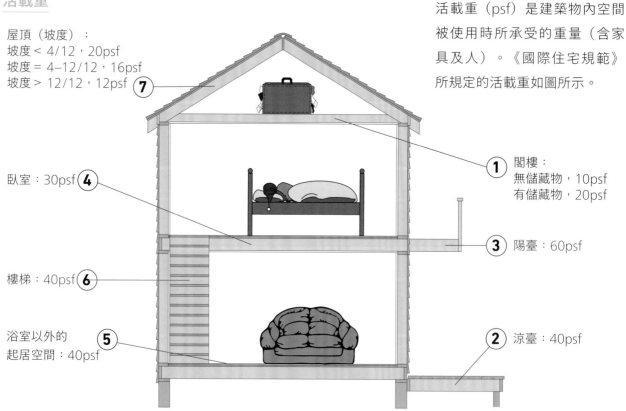

雪載重

雪載重（psf）指在同一個水平面下，回歸期 50 年（發生機率為 50 年 1 次）的最大積雪重量。

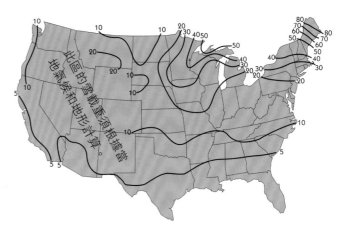

風載重

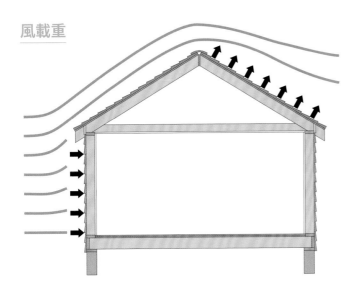

風載重根據外牆迎風面承受的風壓、屋頂背風面承受的風浮力計算，風速條件為回歸期 50 年的最大持續風速。

下表中的風壓由基礎風速（見下圖）、建築高度和地況分類而定。

C 類：開放式地形，地面上的障礙物分布零散，且高度皆小於 10 公尺。

D 類：平坦無障礙之海岸或湖岸地形，風由水面吹往陸地，受風處距海岸或湖岸線 500 公尺以內。

牆和屋頂承受風壓（psf）

地況類型	基礎風速（kph）	一層樓		兩層樓	
		外牆	屋頂風浮力	外牆	屋頂風浮力
C	129	—	20	—	22
	145	—	26	—	28
	161	—	32	32	35
	177	35	38	38	42
D	113	—	20	—	22
	129	—	27	—	28
	145	32	37	36	40
	161	42	46	44	49
	177	50	55	54	59

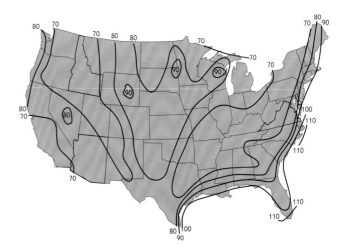

梁的彎曲 BEAMS IN BENDING

梁的彎曲如何作用？

撓曲

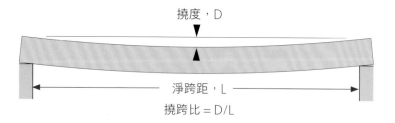

撓度，D

淨跨距，L

撓跨比 = D/L

梁承受載重時會彎曲變形。如圖所示，最大載重下的撓度（變形量）為 D，無支撐跨距為 L，而撓跨比 D/L（撓度與跨距的比值）則是關鍵數字。

《國際住宅規範》所制定的最大撓跨比如下：地板托梁為 $1/360$、天花板托梁為 $1/240$、未連接天花板的椽架為 $1/180$。

彎曲破壞

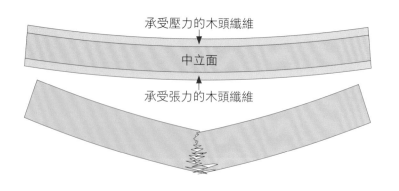

承受壓力的木頭纖維

中立面

承受張力的木頭纖維

梁彎曲時，最底部的纖維會承受張力，最頂部的纖維則會承受壓力。

左圖為最常見的彎曲破壞狀態：底部纖維被張力扯斷，導致梁身斷裂。因此，許多托梁和椽架數值表所標示的最大允許跨距，都會以梁彎曲時最外緣應力的函數 f_b 來表示。

剪力破壞

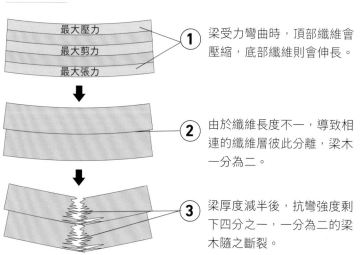

最大壓力

最大剪力

最大張力

① 梁受力彎曲時，頂部纖維會壓縮，底部纖維則會伸長。

② 由於纖維長度不一，導致相連的纖維層彼此分離，梁木一分為二。

③ 梁厚度減半後，抗彎強度剩下四分之一，一分為二的梁木隨之斷裂。

每條木頭纖維既長又堅固，在纖維方向上具有很高的抗壓強度及抗張強度。不過，使纖維相黏的木質素卻不算牢固。

梁彎曲時，頂部纖維層被壓縮，底部纖維層被拉長，各個方向的力量交互作用後，會把大梁裁剪成許多細梁。由於每條細梁的抗彎強度比不上原本的大梁，一旦梁承受剪力，下場多半是形成彎曲破壞。

工字梁

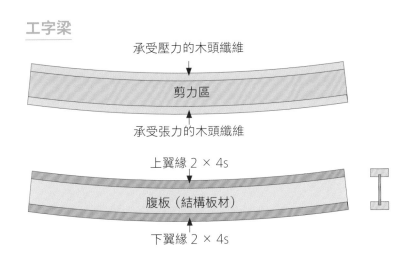

承受壓力的木頭纖維

剪力區

承受張力的木頭纖維

上翼緣 2 × 4s

腹板（結構板材）

下翼緣 2 × 4s

工字梁就像是木頭材質的工字鋼，結合兩塊 2 × 4s（北美木材尺寸，3.8 × 8.9 公分）木板和一塊結構板材而成。木頭的抗壓和抗張強度高，結構板材的抗剪強度也相當高（如圖所示），因此工字梁的抗彎強度遠高於相同重量的實心梁。

積層木梁

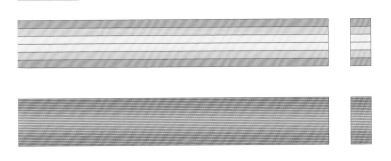

積層木梁的製法是把許多裁切好的薄木片層疊起來，頂部和底部放上強度最高的薄木片後，再加以黏合。因為梁承受的張力大多集中在底部纖維層，使用積層木梁可以大幅提升強度。積層木梁統稱工程梁。

結構板材

木紋方向

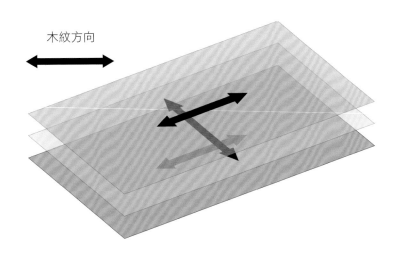

結構板材是天然木頭經過加工後的完美產物，積層板和定向纖維板都屬於結構板材。

積層板由薄木片組成，頂部和底部的薄木片品質最好（就強度或外觀上）。相鄰薄木片的纖維方向互相垂直，使板材各方向的強度幾乎一致，但表面薄木片的纖維方向強度最高。

由於抗剪強度高，結構板材常用於牆體支撐，或作為地板、牆壁和屋頂的包覆材料。

結構組件 FRAMING MEMBERS

托梁

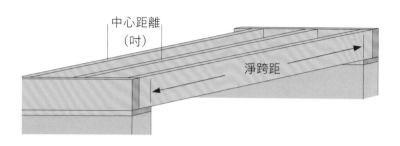

中心距離（吋）

淨跨距

地板托梁：活載重 40 PSF、靜載重 10 PSF

木頭分類	中心距離（吋）	最大允許跨距（呎'吋"）								
		2×6			2×8			2×10		
		優選級	第一級	第二級	優選級	第一級	第二級	優選級	第一級	第二級
落葉松花旗松	12	11'4"	10'11"	10'9"	15'0"	14'5"	14'2"	19'1"	18'5"	18'0"
	16	10'4"	9'11"	9'9"	13'7"	13'1"	12'9"	17'4"	16'5"	15'7"
	24	9'0"	8'8"	8'3"	11'11"	11'0"	10'5"	15'2"	13'5"	12'9"
冷杉鐵杉	12	10'9"	10'6"	10'0"	14'2"	13'10"	13'2"	18'0"	17'8"	16'10"
	16	9'9"	9'6"	9'1"	12'10"	12'7"	12'0"	16'5"	16'0"	15'2"
	24	8'6"	8'4"	7'11"	11'3"	10'10"	10'2"	14'4"	13'3"	12'5"

梁

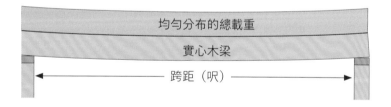

均勻分布的總載重

實心木梁

跨距（呎）

木梁的最大均布載重（磅）

標準尺寸厚×寬（吋）	可允許彎曲應力（磅／平方吋）								
	900	1000	1100	1200	1300	1400	1500	1600	1800
4×6	882	980	1078	1176	1274	1372	1470	1568	1764
4×8	1533	1703	1873	2044	2214	2384	2555	2725	3066
4×10	2495	2772	3050	3327	3604	3882	4159	4436	4991
4×12	3691	4101	4511	4921	5332	5742	6152	6562	7382
6×6	1386	1540	1694	1848	2002	2156	2310	2464	2772
6×8	2578	2864	3151	3437	3723	4010	4296	4583	5156
6×10	4136	4596	5055	5515	5974	6434	6894	7353	8272
6×12	6061	6734	7408	8081	8755	9428	10102	10775	12122

結構組件如何運作？

如前所述，地板和天花板托梁必須通過三項測試：

- 承受靜載重加上活載重的彎曲測試
- 承受靜載重加上活載重的剪力測試
- 承受活載重的撓曲測試

如左圖所示，建築法規如《國際住宅規範》都會附上起居空間（不包括寢室和閣樓）的地板托梁跨距表。此表顯示依不同木頭種類和等級，中心距離 12 吋（30.5 公分）、16 吋（40.6 公分）、24 吋（61 公分）之連續托梁的最大允許淨跨距。

工字梁的製造商也會提供類似表格。

梁也必須通過三項相同的測試。另外，梁會用來支撐其他結構組件，如托梁、椽架和壁骨。例如地下室的主大梁將地板跨距一分為二，大窗戶上方的橫梁支撐著上方的地板托梁以及壁骨。

梁通常會支撐三個以上的組件，載重一般視為均勻分布。

左表顯示了淨跨距 12 吋（30.5 公分）梁的最大載重。

工程梁的生產商也會公布類似的表格。

椽架

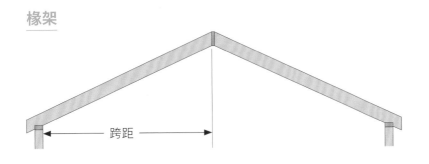

跨距

椽架：無閣樓，活載重 40 PSF，靜載重 10 PSF

木頭分類	中心距離（吋）	最大允許跨距（呎' 吋"）								
		2×6			2×8			2×10		
		優選級	第一級	第二級	優選級	第一級	第二級	優選級	第一級	第二級
落葉松 花旗松	12	13'0"	12'6"	12'3"	17'2"	16'6"	15'10"	21'10"	20'4"	19'4"
	16	11'10"	11'5"	10'10"	15'7"	14'5"	13'8"	19'10"	17'8"	16'9"
	24	10'4"	9'4"	8'10"	13'7"	11'9"	11'2"	17'4"	14'5"	13'8"
冷杉 鐵杉	12	12'3"	12'0"	11'5"	16'2"	15'10"	15'1"	20'8"	19'10"	18'9"
	16	11'2"	10'11"	10'5"	14'8"	14'1"	13'4"	18'9"	17'2"	16'3"
	24	9'9"	9'1"	8'7"	12'10"	11'6"	10'10"	16'5"	14'0"	13'3"

椽架和托梁很像，但差別在椽架的活載重大部分來自積雪，而不是來自家具和人。

除了地板托梁跨距表，建築法規也明訂了椽架跨距表。左圖是節錄過的椽架跨距表，顯示依不同木頭種類和等級，中心距離 12 吋（30.5 公分）、16 吋（40.6公分）、24 吋（61 公分）的連續椽架的最大允許淨跨距。

請留意一點：山區的雪載重會因地點而異，而且差異極大。無論住在何地，請務必先洽詢當地主管建築機關或結構工程師，以取得正確的雪載重數值。

桁架

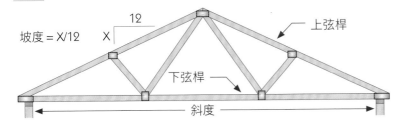

坡度 = X/12　　　12　　　上弦桿
X
下弦桿
斜度

芬克式桁架：61 公分間距，活載重 30 PSF，靜載重 7 PSF

木頭分類	等級	斜度 3/12				斜度 5/12			
		上弦桿		下弦桿		上弦桿		下弦桿	
		2×4	2×6	2×4	2×6	2x4	2×6	2×4	2×6
落葉松 花旗松	優選級	28'2"	41'10"	33'2"	41'10"	32'8"	43'2"	33'2"	43'2"
	第一級	25'8"	38'1"	27'5"	39'1"	29'8"	43'2"	28'3"	40'3"
	第二級	24'6"	36'4"	24'10"	35'1"	28'5"	41'10"	25'7"	38'8"
冷杉 鐵杉	優選級	26'11"	39'9"	30'9"	39'9"	30'0"	39'9"	30'9"	39'9"
	第一級	24'9"	36'7"	25'10"	36'5"	28'9"	39'9"	26'10"	37'11"
	第二級	23'8"	34'10"	23'0"	32'5"	27'5"	39'9"	24'5"	35'2"

在各種幾何形狀中，唯一具備理想剛性的就是三角形。當左圖的桁架頂端承受了龐大載重，會受的力僅有上弦桿（椽架）的壓力和下弦桿（天花板托架）的張力。由於木材的抗壓和抗張強度相當高，桁架光是採用 2 × 4s（3.8 × 8.9 公分）的板材，就能有很大的跨距。

屋頂載重不會集中在頂端，而是分散在椽架上。但桁架如果由多個小三角形堆疊而成，每段椽架的跨距也會跟著縮短。

請比較左表和上表，觀察最大允許跨距有何差異。

柱梁結構 POST & BEAM FRAME

柱梁結構如何運作？

在現代鋸木廠和煉鐵廠還沒出現的年代，手伐木梁和木釘比手工切割的木材和鑄鐵釘還便宜。當時的建築結構組件，都是先砍樹取得大塊木材，再透過手工加工生產的。

由於工匠的手藝精巧，而且完全不使用易生鏽的金屬扣件，因此房屋結構的強度和韌性非常高。

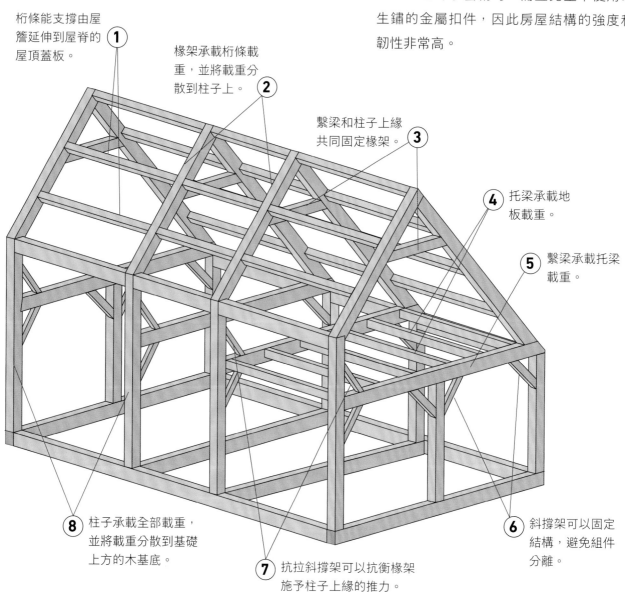

桁條能支撐由屋簷延伸到屋脊的屋頂蓋板。 **1**

椽架承載桁條載重，並將載重分散到柱子上。 **2**

繫梁和柱子上緣共同固定椽架。 **3**

4 托梁承載地板載重。

5 繫梁承載托梁載重。

6 斜撐架可以固定結構，避免組件分離。

7 抗拉斜撐架可以抗衡椽架施予柱子上緣的推力。

8 柱子承載全部載重，並將載重分散到基礎上方的木基底。

板梁結構 PLANK & BEAM FRAME

板梁結構如何運作？

現代的板梁結構，是傳統柱梁結構和近代拼狀式建築相加平衡的結果。板梁結構擁有巨大的屋梁，以及抬頭可見的厚實屋頂，既美觀又安全可靠。板梁結構的椽架由巨大梁木鋸切而成，天花板與地板則由 2 吋（5.08 公分）厚的木板組成。

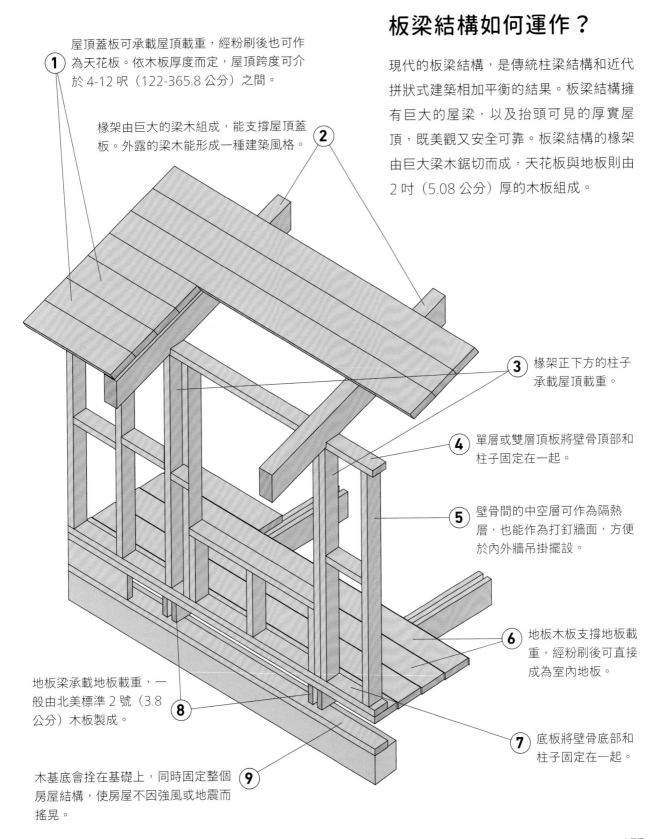

1 屋頂蓋板可承載屋頂載重，經粉刷後也可作為天花板。依木板厚度而定，屋頂跨度可介於 4-12 呎（122-365.8 公分）之間。

2 椽架由巨大的梁木組成，能支撐屋頂蓋板。外露的梁木能形成一種建築風格。

3 椽架正下方的柱子承載屋頂載重。

4 單層或雙層頂板將壁骨頂部和柱子固定在一起。

5 壁骨間的中空層可作為隔熱層，也能作為打釘牆面，方便於內外牆吊掛擺設。

6 地板木板支撐地板載重，經粉刷後可直接成為室內地板。

7 底板將壁骨底部和柱子固定在一起。

8 地板梁承載地板載重，一般由北美標準 2 號（3.8 公分）木板製成。

9 木基底會拴在基礎上，同時固定整個房屋結構，使房屋不因強風或地震而搖晃。

177

氣球結構 BALLOON FRAME

氣球結構如何運作？

1833 年，數個木匠發明了一種壁式結構，以 2 × 4s（3.8× 8.9 公分）木板組合而成，由於重量相當輕，彷彿隨時會被風吹走，他們將此結構取名為「氣球結構」。

雖然這種結構活用了新穎又便宜的人工削切木板和鐵釘，但因牆壁中空層外露，高度又高，一旦發生火災會相當容易迅速延燒，在 1900 年代早期就被禁用了

椽架（不使用桁架）支撐屋頂蓋板和屋頂載重。因屋頂坡度陡峭，椽架形成寬敞的閣樓空間，可作為乾燥儲藏空間或是再加工成居住空間。

當時沒有結構板材（積層板和定向纖維板），所以使用嵌入式斜撐架來預防組件分離。

當時也沒有斜撐件，所以使用支撐木板來穩定托梁末端。

牆壁的中空層從地下室不斷延伸到閣樓，讓隔熱和救火難度變得很高。

椽架下的壁骨將屋頂載重傳導到木基底上。長壁骨（最高到三層）帶來的大面積表面很適合粉刷灰泥。

在 48 x 96 吋（122 x 243.8 公分）蓋板問世之前，結構組件間的距離相當隨意，常常看到位置重複的托梁。

地板托梁間互相橋接，讓集中的載重分散，使托梁更加堅固。

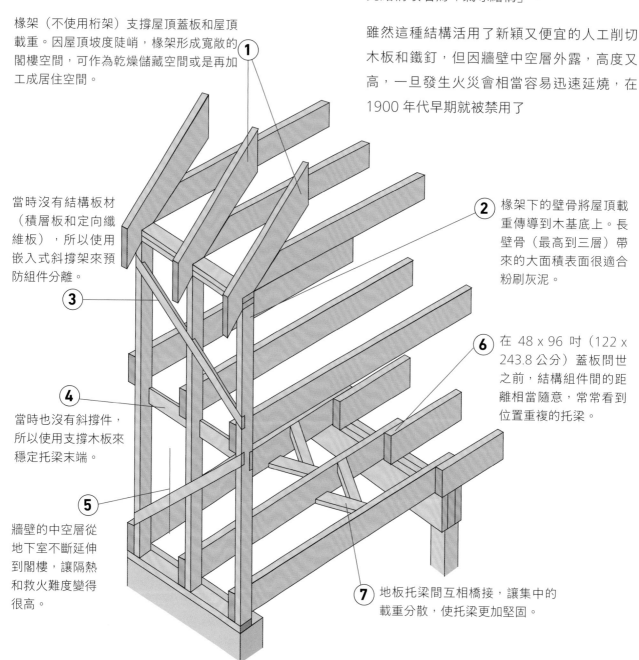

平臺式結構 PLATFORM FRAME

平臺式結構如何運作？

為了追求更低的人力成本，建商想盡辦法從不同角度去簡化、標準化建築工法，最終於 1940 年代末期發展出平臺式結構。這種結構使用 4 x 8 呎（122 x 243.8 公分）積層板作為地板、牆、屋頂蓋板的材料、結構組件的中心距離統一為 12 吋（30.5 公分）、16 吋（40.6 公分）、24 吋（61 公分）。

所有的結構，包含椽架、托梁、壁骨，中心距離都是 16 吋（40.6 公分），以符合 48 吋（122 x 243.8 公分）的覆蓋板材。

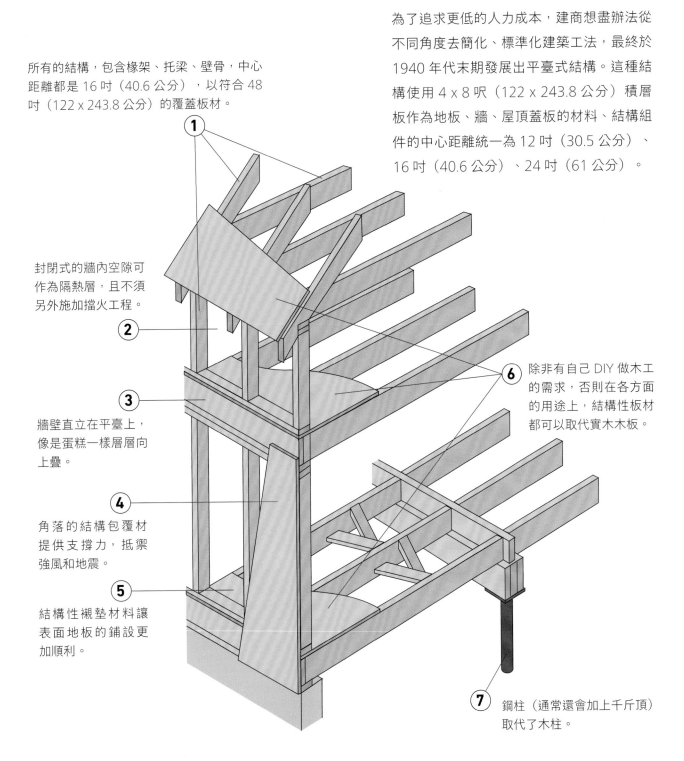

1

封閉式的牆內空隙可作為隔熱層，且不須另外施加擋火工程。

2

牆壁直立在平臺上，像是蛋糕一樣層層向上疊。

3

4

角落的結構包覆材提供支撐力，抵禦強風和地震。

5

結構性襯墊材料讓表面地板的鋪設更加順利。

6

除非有自己 DIY 做木工的需求，否則在各方面的用途上，結構性板材都可以取代實木木板。

7　鋼柱（通常還會加上千斤頂）取代了木柱。

先進工程結構 ADVANCED (OVE) FRAME

先進工程結構如何運作？

若在 26 呎（7.92 公尺）的建築中使用桁架，便能以 2 × 4s（3.8 x 8.9 公分）取代 2×10s（3.8 x 23.5 公分）木板，且不須架構支撐牆。

1977 年，美國住房及城市發展部委託全美住房建築商協會分析現行房屋結構，力求降低建造成本，最後從分析結果歸納出了嶄新的建築思維和方法。這套理論被命名為「最大價值工法」（OVE）。

最大價值工法的中心思想相當單純：「如果能用一根木頭、一片木板完成，為什麼要用兩根木頭、兩片木板呢？」據推算，比起平臺式結構，使用這種工法可以節省 25% 的結構成本。

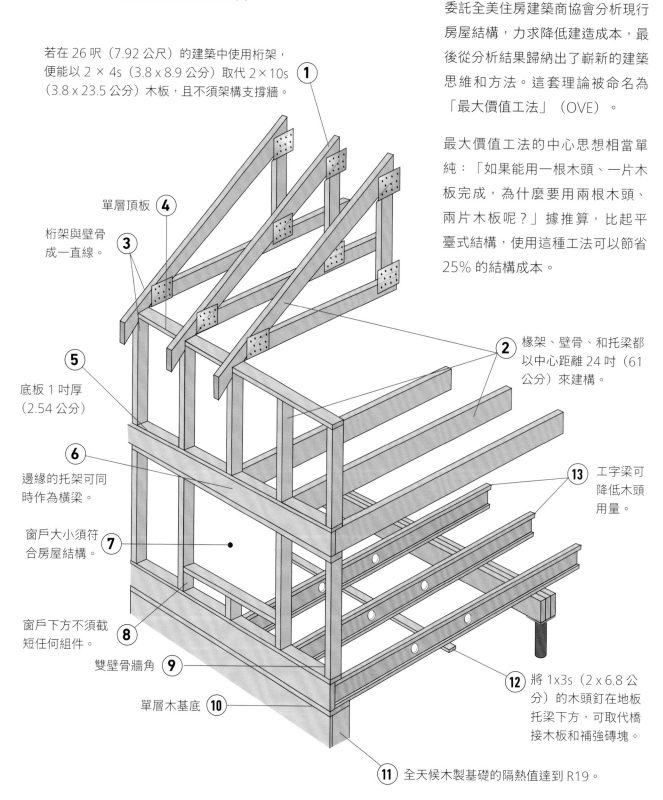

①

② 單層頂板 ④

桁架與壁骨成一直線。**③**

② 椽架、壁骨、和托梁都以中心距離 24 吋（61 公分）來建構。

⑤

底板 1 吋厚（2.54 公分）

⑥

邊緣的托架可同時作為橫梁。

⑬ 工字梁可降低木頭用量。

窗戶大小須符合房屋結構。**⑦**

窗戶下方不須截短任何組件。

⑧

雙壁骨牆角 **⑨**

單層木基底 **⑩**

⑫ 將 1x3s（2 x 6.8 公分）的木頭釘在地板托梁下方，可取代橋接木板和補強磚塊。

⑪ 全天候木製基礎的隔熱值達到 R19。

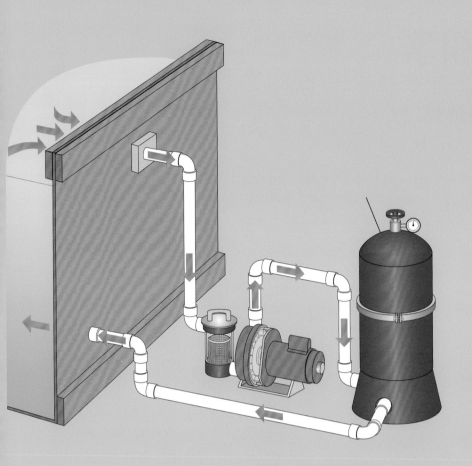

室外機具

9

OUTDOOR EQUIPMENT

我們的廚房發展日新月異，曾祖父母那輩使
用柴爐、手壓泵和冰桶，但現代人已經進展
到使用各種瓦斯和電力設備來製作食物。庭
院除草用具也是一樣。以前，人們只會用鏟
子、長耙和斧頭來整理庭院草木，但現在都
改用電動割草機和鏈鋸了。

四行程汽油引擎 4-CYCLE GASOLINE ENGINE

四行程汽油引擎如何運作？

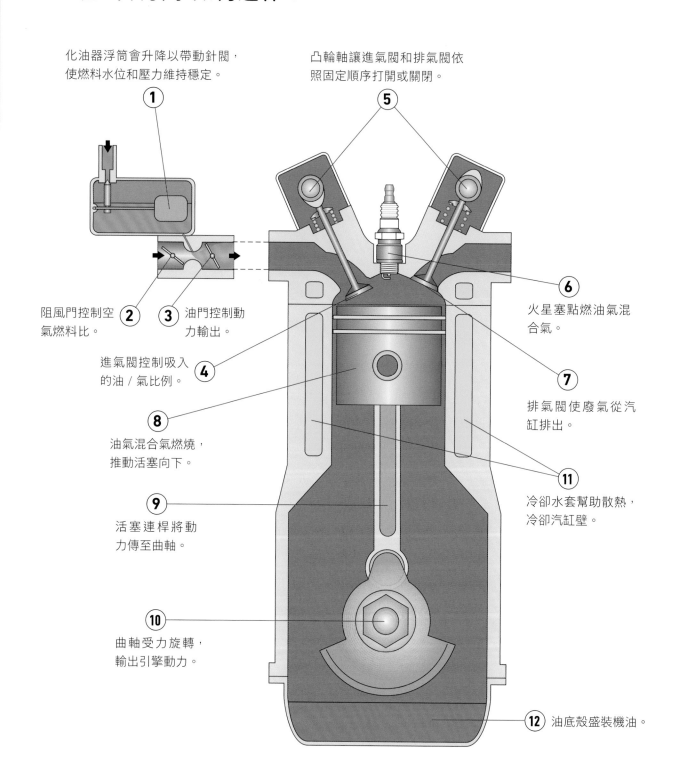

化油器浮筒會升降以帶動針閥，
使燃料水位和壓力維持穩定。

1

凸輪軸讓進氣閥和排氣閥依
照固定順序打開或關閉。

5

阻風門控制空
氣燃料比。

2

3 油門控制動
力輸出。

火星塞點燃油氣混
合氣。

6

進氣閥控制吸入
的油／氣比例。

4

7

排氣閥使廢氣從汽
缸排出。

油氣混合氣燃燒，
推動活塞向下。

8

11

冷卻水套幫助散熱，
冷卻汽缸壁。

活塞連桿將動
力傳至曲軸。

9

曲軸受力旋轉，
輸出引擎動力。

10

12 油底殼盛裝機油。

運作流程

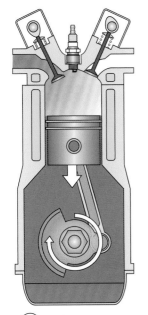

① 進氣行程

進氣閥開啟，油氣混合氣進入汽缸。

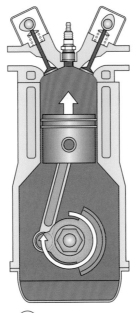

② 壓縮行程

在點燃之前，油氣混合氣會被壓縮為原本體積的 1/10。

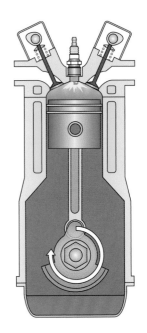

點燃

火星塞產生電弧，點燃易爆的油氣混合氣。

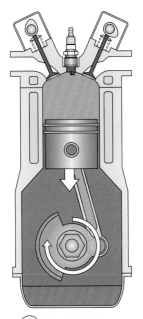

③ 動力行程

油氣混合氣燃燒並膨脹，推動活塞向下。

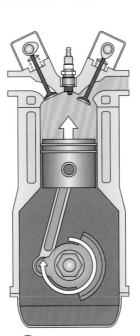

④ 排氣行程

活塞升高，將廢氣推出排氣閥。

叫修之前，可先這麼做

叫修之前，可以這樣做：

如果引擎無法啟動，請先確認：

油箱有沒有油？沒油就補充汽油。注意不要加到機油壺裡面！

汽油是不是放了超過 2 個月？含 10% 乙醇的汽油很快就會變質了。可將油箱裡的舊汽油取出來給汽車用，再補進新汽油。

有沒有聞到汽油味？如果有，代表引擎進水。把火星塞拔起來用紙巾擦乾，拉幾下發動繩，再把火星塞裝回去。

火星塞尖端是不是磨光了？換個規格相同的火星塞吧。

二行程汽油引擎 2-CYCLE GASOLINE ENGINE

二行程汽油引擎如何運作？

相較四行程引擎，二行程引擎構造單純（沒有閥門、凸輪軸、正時皮帶）、重量輕（每公斤可輸出將近 2 倍馬力），而且幾乎在任何方向上都能夠運作。基於上述特性，鏈鋸、除草機或割草機大多使用二行程引擎來發動。

二行程引擎沒有獨立的機油壺，專用機油會和汽油相混。曲軸箱和汽缸裡會瀰漫汽油／機油／空氣的混合霧氣，能用來潤滑引擎。

但二行程引擎有幾個缺點：由於潤滑效果較差，導致引擎壽命較短；部分油氣混合氣還沒燒過就被排出引擎；汽油中的機油燃燒後會產生黑煙，污染空氣。為了降低污染，美國環保署正逐步禁止二行程引擎，希望民眾改用較環保的四行程引擎。

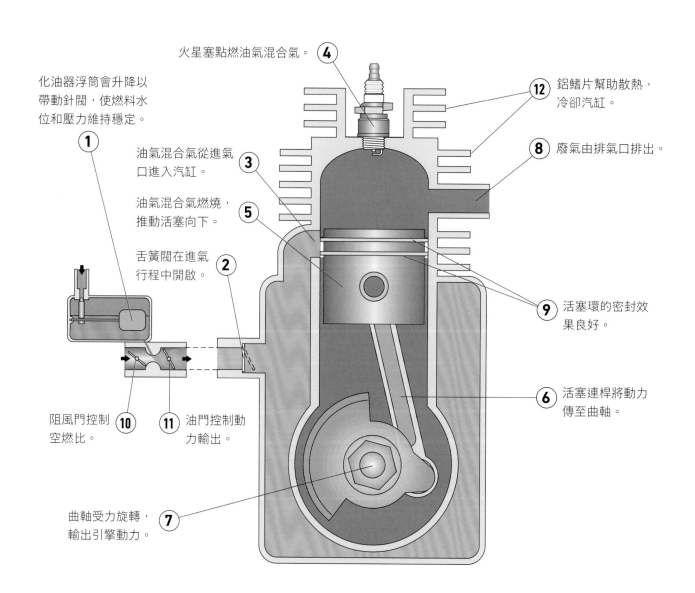

火星塞點燃油氣混合氣。**4**

化油器浮筒會升降以帶動針閥，使燃料水位和壓力維持穩定。

1

油氣混合氣從進氣口進入汽缸。**3**

油氣混合氣燃燒，推動活塞向下。**5**

舌簧閥在進氣行程中開啟。**2**

阻風門控制空燃比。**10**

油門控制動力輸出。**11**

曲軸受力旋轉，輸出引擎動力。**7**

12 鋁鰭片幫助散熱，冷卻汽缸。

8 廢氣由排氣口排出。

9 活塞環的密封效果良好。

6 活塞連桿將動力傳至曲軸。

運作流程

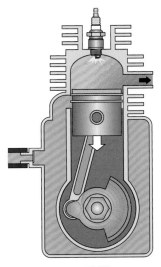

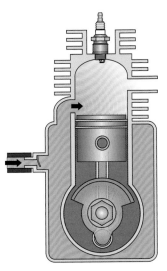

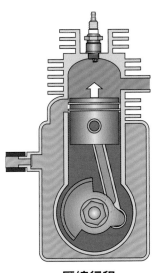

點燃

活塞在往復運動中升至最高點時，經壓縮的油氣混合氣會立刻被火星塞點燃，接近爆燃程度。大部分的廢氣會在排氣口打開時排出。

進氣行程

活塞向下移動時會打開進氣口，此時汽缸處於真空狀態，讓油氣混合氣由舌簧閥被吸入汽缸。當活塞到達最低點時，舌簧閥再度關閉。

壓縮行程

活塞向上升時，會先將部分油氣混合氣擠出排氣孔，再壓縮剩下的混合氣。活塞升至最高點時，火星塞會點燃混合氣。

化油器的運作

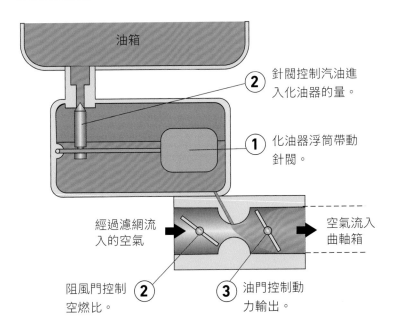

油箱

② 針閥控制汽油進入化油器的量。

① 化油器浮筒帶動針閥。

經過濾網流入的空氣

空氣流入曲軸箱

阻風門控制空燃比。 ②

③ 油門控制動力輸出。

叫修之前，可先這麼做

如果引擎無法啟動，請先確認：

油箱有沒有油？沒油，請加入 50:1 汽油加二行程機油的混合油。

汽油是不是放了超過 2 個月？含 10% 乙醇的汽油很快就會變質了。可將油箱裡的舊汽油取出給汽車用，再補進新汽油。

有沒有聞到汽油味？如果有，代表引擎可能進水。把火星塞拔起來用紙巾擦乾，拉幾下發動繩，再把火星塞裝回去。

火星塞尖端是不是磨光了？換個規格相同的火星塞吧。

汽油鏈鋸 GASOLINE CHAIN SAW

汽油鏈鋸如何運作？

下圖是典型的 Stihl 品牌鏈鋸。各家廠牌的細部構造多少有差異，但原理都一樣。

二行程引擎很適合用來發動鏈鋸，因為這種引擎的功率重量比很高，而且在任何方向都能正常運作。

鏈鋸上的鏈條在潤滑過的導板上來回旋轉，鏈條上有仔細打磨裁切過的鋸齒。鏈鋸和導板有許多不同的長度。

鏈鋸待機時，鏈條會完全靜止；按住油門扳機時，離心式離合器會和傳動鏈輪接合，驅動鏈條。

鏈鋸尖端碰到木頭時，會因為反作用力回彈。此時，鏈煞握把會順著慣性煞住鏈條，保護操作鏈鋸者的安全。

鏈鋸使用手冊載有詳細的鋸樹步驟，鋸樹前一定要讀過一次。

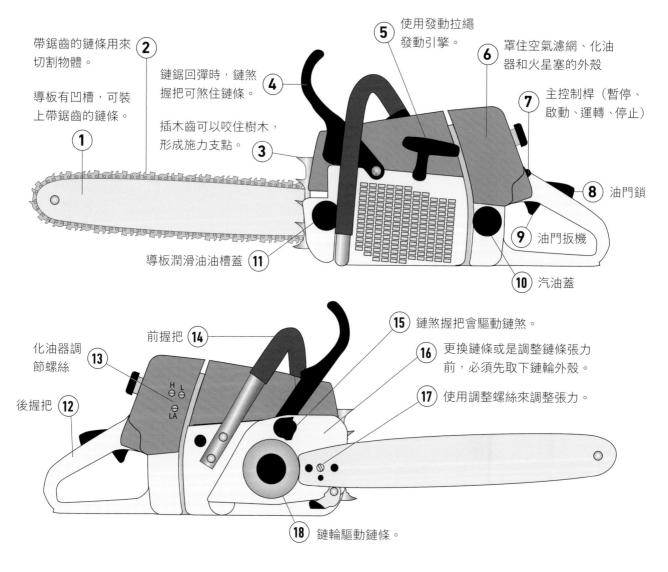

帶鋸齒的鏈條用來切割物體。

導板有凹槽，可裝上帶鋸齒的鏈條。

鏈鋸回彈時，鏈煞握把可煞住鏈條。

插木齒可以咬住樹木，形成施力支點。

使用發動拉繩發動引擎。

罩住空氣濾網、化油器和火星塞的外殼

主控制桿（暫停、啟動、運轉、停止）

① ② ③ ④ ⑤ ⑥ ⑦

⑧ 油門鎖

⑨ 油門扳機

⑩ 汽油蓋

導板潤滑油油槽蓋 ⑪

化油器調節螺絲 ⑬

前握把 ⑭

後握把 ⑫

H L
LA

⑮ 鏈煞握把會驅動鏈煞。

⑯ 更換鏈條或是調整鏈條張力前，必須先取下鏈輪外殼。

⑰ 使用調整螺絲來調整張力。

⑱ 鏈輪驅動鏈條。

發動鏈鋸

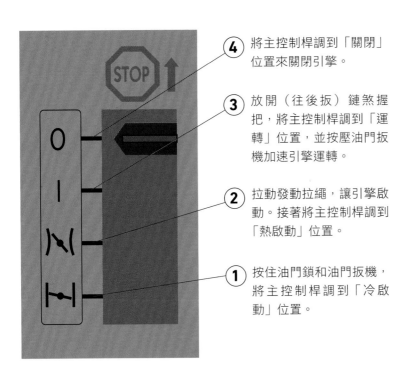

④ 將主控制桿調到「關閉」位置來關閉引擎。

③ 放開（往後扳）鏈煞握把，將主控制桿調到「運轉」位置，並按壓油門扳機加速引擎運轉。

② 拉動發動拉繩，讓引擎啟動。接著將主控制桿調到「熱啟動」位置。

① 按住油門鎖和油門扳機，將主控制桿調到「冷啟動」位置。

調節化油器

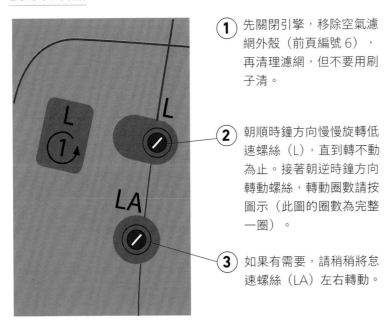

① 先關閉引擎，移除空氣濾網外殼（前頁編號 6），再清理濾網，但不要用刷子清。

② 朝順時鐘方向慢慢旋轉低速螺絲（L），直到轉不動為止。接著朝逆時鐘方向轉動螺絲，轉動圈數請按圖示（此圖的圈數為完整一圈）。

③ 如果有需要，請稍稍將怠速螺絲（LA）左右轉動。

叫修之前，可先這麼做

如果汽油已經放了超過 3 個月，就取出給汽車用，再補進新的 50:1 汽油加二行程機油的混合油。

按照左側流程操作之後，如果引擎還是發動不起來，請先取出火星塞並擦乾，將主控制桿調到「關閉」位置，再拉幾下發動拉繩清除汽缸內的汽油，最後裝回火星塞，重新按照流程發動引擎。

如果引擎還是無法發動，請將化油器調整成左下圖中的設定。

引擎發動之後，如果一進入怠速狀態就停止運轉，請先重設低速螺絲 L（左下圖之 2）。接著順時鐘轉動怠速螺絲 LA，直到鏈條開始旋轉，再逆時鐘轉動怠速螺絲四分之一圈。

引擎進入怠速狀態時，如果鏈條還繼續旋轉，請先重設低速螺絲 L（左下圖之 2）。接著逆時鐘轉動怠速螺絲 LA，直到鏈條停止旋轉，再逆時鐘轉動怠速螺絲 $1/4$ 圈。

如果鏈鋸無法順暢加速，請先重設低速螺絲 L（左下圖之 2）。接著逆時鐘轉動低速螺絲 L，直到鏈條順暢加速。如果有需要，請轉一下怠速螺絲 LA。

汽油自走式割草機 GASOLINE LAWN MOWER

汽油自走式割草機
如何運作？

現在大部分的割草機都採用四行程引擎，所以一定要會區分汽油蓋和機油蓋。

這種割草機的原理超級簡單：引擎的動力輸出軸會和一片鋒利的旋轉式刀片垂直相連，刀片的形狀經過特別設計，能將雜草垂直吸入並截斷。被截斷的雜草會從割草機兩側排出，或被推進集草袋。

這種割草機之所以能自走，都要歸功於前輪的減速齒輪及皮帶滑輪組。只要調鬆或調緊驅動皮帶的張力，就可以讓割草機移動或靜止。

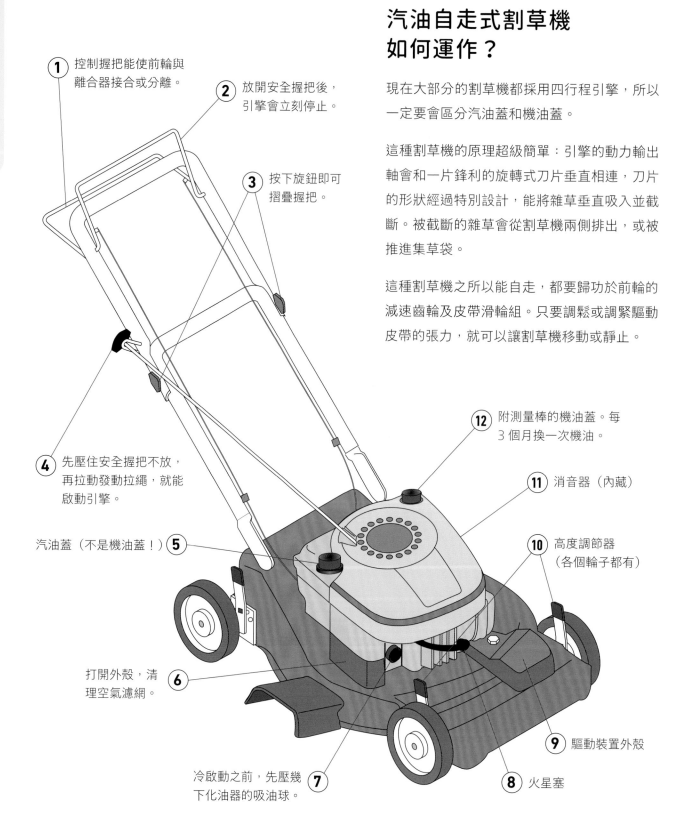

1 控制握把能使前輪與離合器接合或分離。

2 放開安全握把後，引擎會立刻停止。

3 按下旋鈕即可摺疊握把。

4 先壓住安全握把不放，再拉動發動拉繩，就能啟動引擎。

汽油蓋（不是機油蓋！）5

打開外殼，清理空氣濾網。6

冷啟動之前，先壓幾下化油器的吸油球。7

12 附測量棒的機油蓋。每3個月換一次機油。

11 消音器（內藏）

10 高度調節器（各個輪子都有）

9 驅動裝置外殼

8 火星塞

更換割草機刀片

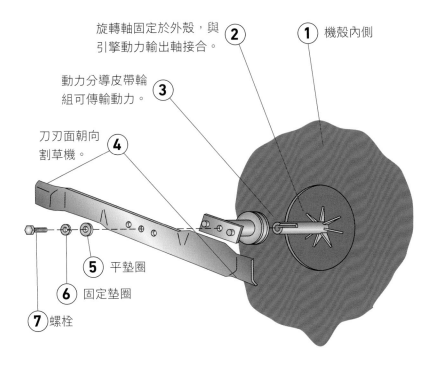

旋轉軸固定於外殼,與引擎動力輸出軸接合。 ②

① 機殼內側

動力分導皮帶輪組可傳輸動力。 ③

刀刃面朝向割草機。 ④

⑤ 平墊圈

⑥ 固定墊圈

⑦ 螺栓

如果刀刃割不太動,或刀片因彎曲而異常震動時,代表該換刀片了。

為保持安全和清潔,請先取下火星塞,並排空汽油和機油。

讓割草機側倒,在刀片和刀片槽之間卡一片木板,防止刀片轉動。

使用套筒扳手逆時鐘轉動螺栓,並取下刀片。

購買新刀片時,要注意刀片長度和孔洞大小必須一致。

更換驅動皮帶

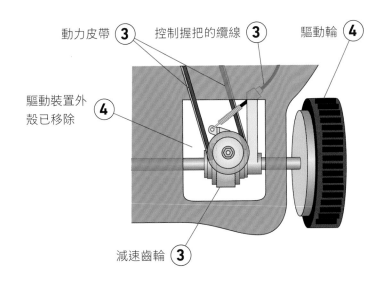

動力皮帶 ③

控制握把的纜線 ③

驅動輪 ④

驅動裝置外殼已移除 ④

減速齒輪 ③

如果割草機無法爬坡,代表驅動皮帶該換了。

取下火星塞,排空汽油和機油,並移除驅動裝置外殼。讓割草機側倒,如果看不到驅動皮帶,請先取下檢查孔蓋板。

取下皮帶,有張力輪就先鬆開張力輪。為確保新舊皮帶的規格一致,請攜帶整條皮帶供割草機廠商或店家比對,或直接告知對方皮帶上的料號是多少。

將新皮帶套上滑輪,有張力輪就拉緊張力輪。新皮帶的鬆弛量不能超過 1/2 吋(1.25 公分)。

汽油手提式割草機 GASOLINE STRING TRIMMER

汽油手提式割草機如何運作？

更換割草繩

①

取下割草盤上的打草頭，剪兩條9呎（274.32公分）長的割草繩，其中一條塞進打草頭上半部的小洞，並依照箭頭指示方向纏繞。

②

割草繩尾段預留6吋（15.24公分），將尾段固定在打草頭上方的凹槽內，尾端朝外。

③

同上所述，將另一條割草繩纏繞在線軸下半部，並將尾段固定在對向凹槽內。

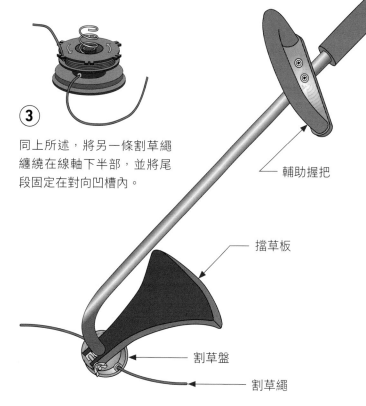

吸油球

發動繩

主控制桿

油門互鎖

啟動開關

輔助握把

擋草板

割草盤

割草繩

叫修之前，可先這麼做

手提式割草機的引擎基本上和鏈鋸引擎相同，可回頭參閱第187頁的方法。

按照「發動鏈鋸」的步驟發動割草機時，引擎如果依然發動不了，很有可能是進水。請先取出火星塞並擦乾，將主控制桿調到熱啟動位置後，再拉10-12下發動繩，以便清空汽缸內的汽油。最後裝回火星塞，按步驟說明重新發動引擎。

如果打草頭上的割草繩已經短到拉不出來，請按左上圖或割草機使用手冊的說明更換割草繩。

汽油吹葉機 GASOLINE LEAF BLOWER

汽油吹葉機如何運作？

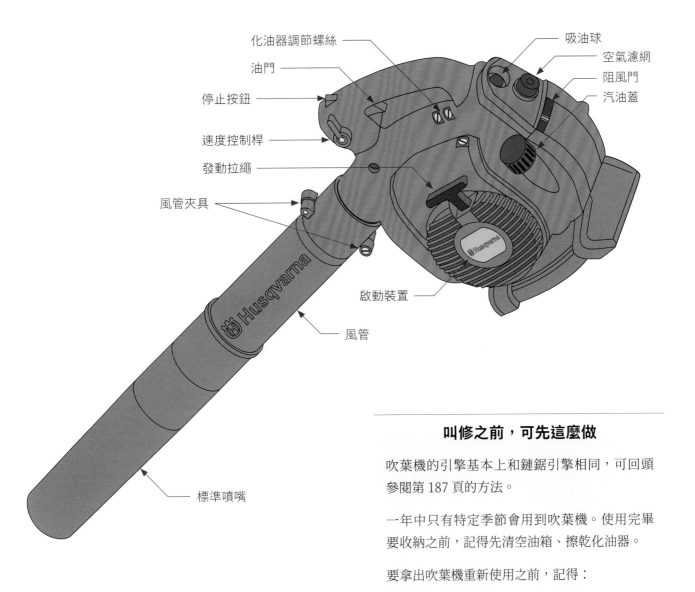

化油器調節螺絲

油門

停止按鈕

速度控制桿

發動拉繩

風管夾具

啟動裝置

風管

標準噴嘴

吸油球

空氣濾網

阻風門

汽油蓋

叫修之前，可先這麼做

吹葉機的引擎基本上和鏈鋸引擎相同，可回頭參閱第 187 頁的方法。

一年中只有特定季節會用到吹葉機。使用完畢要收納之前，記得先清空油箱、擦乾化油器。

要拿出吹葉機重新使用之前，記得：

安裝新的火星塞，並按照廠商的建議調整火星塞間隙。

用清潔劑和清水清潔髒污的部分，使用前記得擦乾。

使用廠商建議的汽油機油混合油品牌（如 Star Tron 或 STA-BIL 牌），並加入燃油穩定劑。

充電式機具 CORDLESS EQUIPMENT

充電式機具如何運作？

汽油驅動的機具適合用來進行長時間且繁重的工作，電池驅動的充電式機具則適合用來進行家中較少量的工作。

自乙醇汽油混合燃料問世以來，汽油驅動機具出現不少問題，原因是乙醇不但容易吸水，更會溶解引擎上的橡膠和塑膠製零件。

前面幾節詳細介紹了各式汽油機具，接下來要介紹的是充電式機具，以及機具內鋰電池的保養方法。

充電式鏈鋸

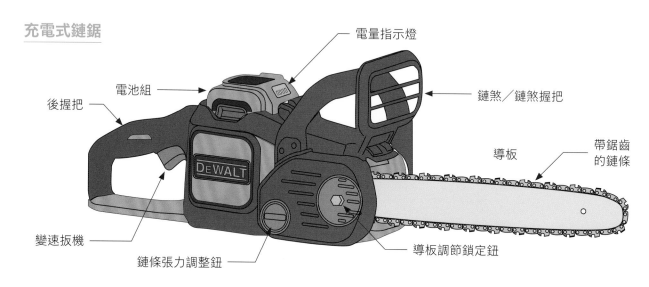

電量指示燈

電池組

後握把

鏈煞／鏈煞握把

導板

帶鋸齒的鏈條

DEWALT

變速扳機

鏈條張力調整鈕

導板調節鎖定鈕

充電式自走式割草機

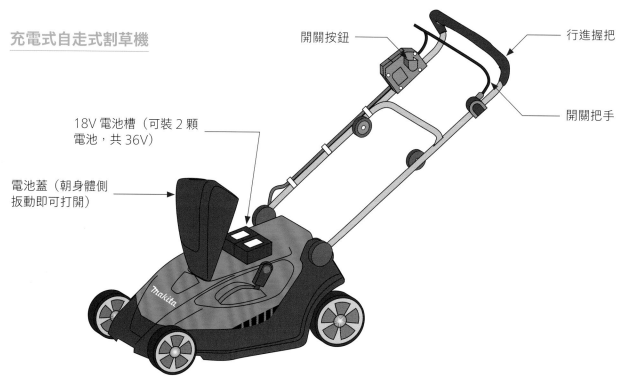

開關按鈕

行進握把

開關把手

18V 電池槽（可裝 2 顆電池，共 36V）

電池蓋（朝身體側扳動即可打開）

makita

充電式手提割草機

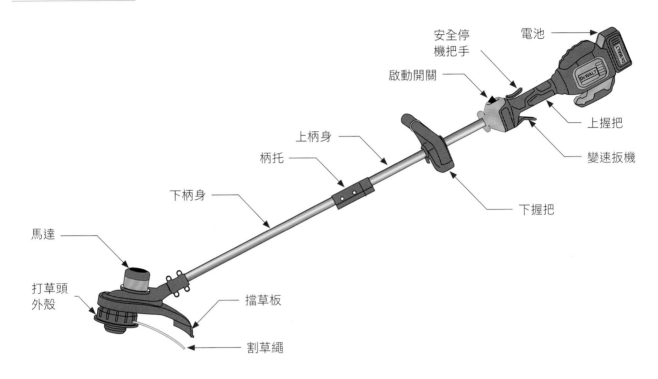

安全停機把手

電池

啟動開關

上握把

變速扳機

上柄身

柄托

下柄身

下握把

馬達

打草頭外殼

擋草板

割草繩

充電式吹葉機

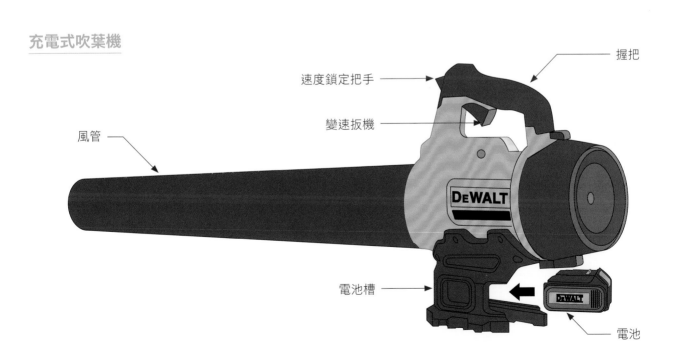

握把

速度鎖定把手

變速扳機

風管

電池槽

電池

鋰電池 LITHIUM-ION BATTERIES

鋰電池如何運作？

大多數新一代的充電式機具都使用鋰電池，因為鋰電池的功率密度和自放電率相當不錯，比鉛酸電池和鎳鎘電池高很多。

更重要的是，少量且多次充電不會讓鋰電池蓄電量下降（基於電池記憶效應）。鋰電池不需要充飽電或過度充電，就能維持蓄電量。

儘管如此，在充電或放電時還是要注意幾件事，才能延長電池使用壽命。使用電池的時候，請務必閱讀廠商提供的使用手冊。

充電

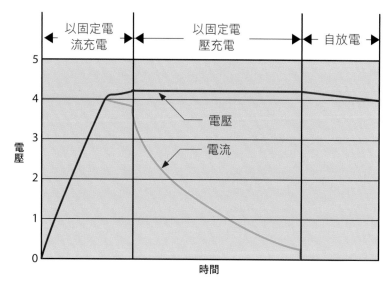

充電注意事項：

- 充電溫度僅限 4-40°C。
- 一注意到電量變少就充電。
- 若要將電池長時間接在充電器上，請確定說明手冊表示可行。

充電時不可做的事：

- 電池發燙時（超過 40°C）請勿充電。
- 若說明手冊未表示可行，請勿將電池長時間接在充電器上。

放電

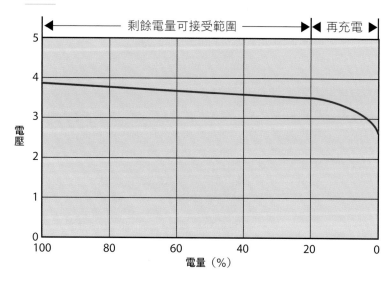

放電（使用裝置）注意事項：

- 以規律、少量的方式多用電池，才能延長電池使用壽命。
- 準備一顆備用電池，避免耗盡原電池的電量。

放電時不可做的事：

- 不要讓電池電量降太低。電量一減少就要立刻充電。
- 不要讓運轉中的電池超過 40°C。

水池泵及濾水器 POOL PUMP & FILTER

水池泵及濾水器如何運作？

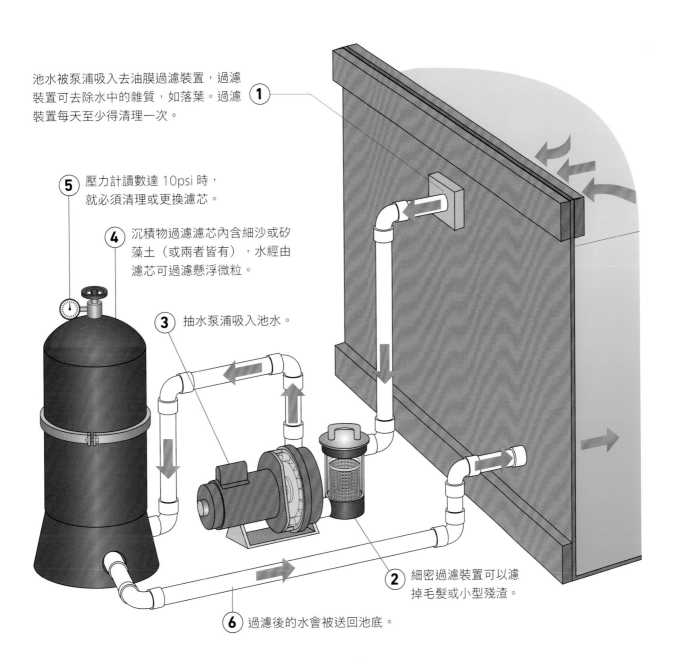

池水被泵浦吸入去油膜過濾裝置，過濾
裝置可去除水中的雜質，如落葉。過濾
裝置每天至少得清理一次。 **1**

5 壓力計讀數達 10psi 時，
就必須清理或更換濾芯。

4 沉積物過濾濾芯內含細沙或矽
藻土（或兩者皆有），水經由
濾芯可過濾懸浮微粒。

3 抽水泵浦吸入池水。

2 細密過濾裝置可以濾
掉毛髮或小型殘渣。

6 過濾後的水會被送回池底。

草皮灑水系統 LAWN SPRINKLER SYSTEM

草皮灑水系統如何運作？

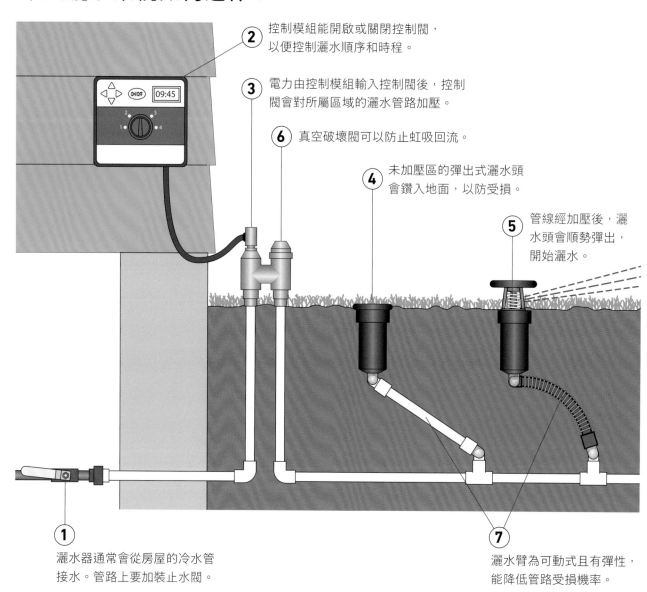

② 控制模組能開啟或關閉控制閥，以便控制灑水順序和時程。

③ 電力由控制模組輸入控制閥後，控制閥會對所屬區域的灑水管路加壓。

⑥ 真空破壞閥可以防止虹吸回流。

④ 未加壓區的彈出式灑水頭會鑽入地面，以防受損。

⑤ 管線經加壓後，灑水頭會順勢彈出，開始灑水。

① 灑水器通常會從房屋的冷水管接水。管路上要加裝止水閥。

⑦ 灑水臂為可動式且有彈性，能降低管路受損機率。

叫修之前，可先這麼做

如果所有的灑水器都無法運作，請先確認主進水閥和斷路器是否開啟，再用電表測量控制模組是否正常輸出 24V 電壓。另外，記得檢查計時器設定是否有錯。動手維修時記得閱讀使用手冊。

如果只有某一區的灑水器無法運作，請先用電表測量灑水器是否輸入了 24V 電壓。如果測出的電壓為零，八成是電源線壞了。

灑水角度和灑水頭配置方式

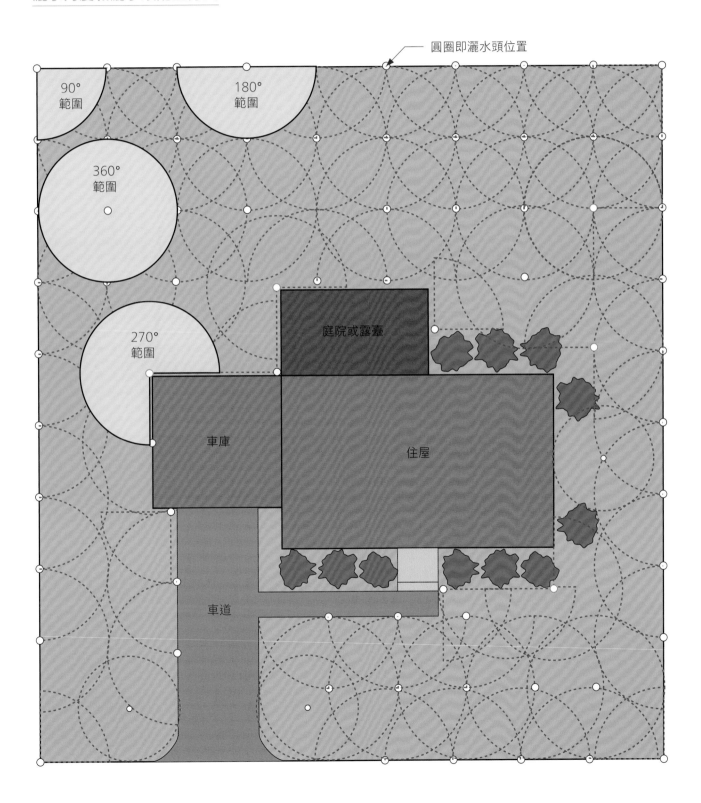

圓圈即灑水頭位置

90°
範圍

180°
範圍

360°
範圍

270°
範圍

庭院或露臺

車庫

住屋

車道

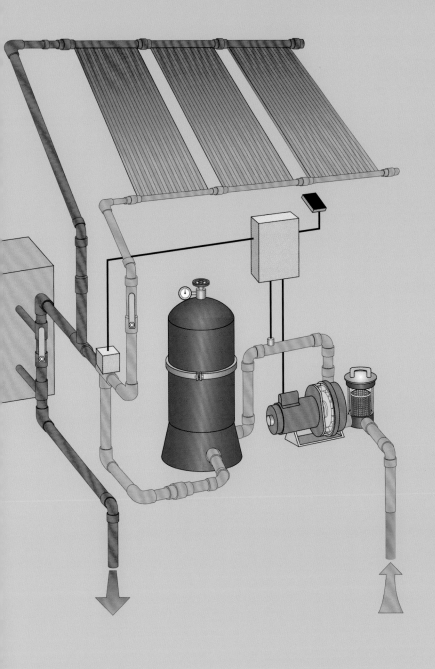

家用太陽能

THE SOLAR HOME

人類揮霍了一個世紀的能源，如今好日子就要結束了。以前一個人消耗多少能源全看自己的收入多寡，但現在我們卻發現地球資源沒有取之不盡用之不竭這回事。為了維持我們現有的生活品質、為了讓開發中國家幾十億人類過安穩的生活，我們應當多多減少能源消耗。

本章介紹的科技全都相當普及，能提高住家使用各種能源和資源的效率。

被動式太陽能暖房 <small>ASSIVE SOLAR HEATING</small>

被動式太陽能暖房如何運作？

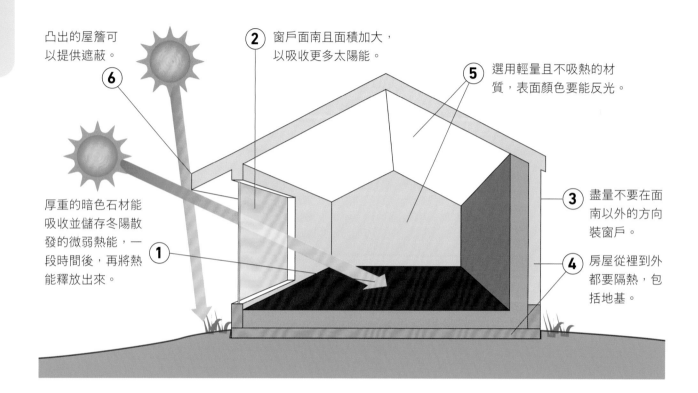

凸出的屋簷可以提供遮蔽。 **6**

2 窗戶面南且面積加大，以吸收更多太陽能。

5 選用輕量且不吸熱的材質，表面顏色要能反光。

厚重的暗色石材能吸收並儲存冬陽散發的微弱熱能，一段時間後，再將熱能釋放出來。 **1**

3 盡量不要在面南以外的方向裝窗戶。

4 房屋從裡到外都要隔熱，包括地基。

日照占整體暖房能力的預估百分比

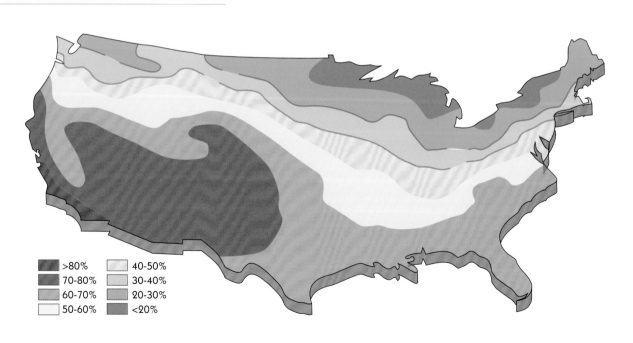

- ■ >80%
- ■ 70-80%
- ■ 60-70%
- □ 50-60%
- □ 40-50%
- ▨ 30-40%
- ▨ 20-30%
- ▨ <20%

蓄熱材料的面積

當建材的蓄熱能力小於太陽輻射熱，室內會變得過熱而為了散熱，我們會打開窗戶，這時太陽能就浪費掉了。為了不讓室內過熱，必須仔細挑選蓄熱材料。下表列出每 1 平方呎的面南窗戶所需的蓄熱材料材質、厚度、位置及面積，例如每 4 平方呎的面南窗戶，需要厚度 4 吋（10.2 公分）、面積 4 平方呎的混凝土地板。

可同時使用多種蓄熱材料和擺放方式。

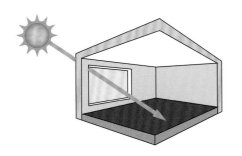

受陽光直射的地板和牆壁

蓄熱材料	窗戶需要的蓄熱面積（平方呎）				
厚度（吋）	混凝土	磚塊	石膏板牆	橡木	松木
½"	—	—	76	—	—
1"	14	17	38	17	21
2"	7	8	20	10	12
4"	4	5	—	11	12

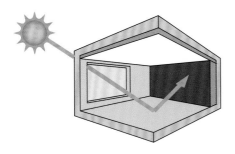

受陽光間接照射的地板、牆壁和天花板

蓄熱材料	窗戶需要的蓄熱面積（平方呎）				
厚度（吋）	混凝土	磚塊	石膏板牆	橡木	松木
½"	—	—	114	—	—
1"	25	30	57	28	36
2"	12	15	31	17	21
4"	7	9	—	19	21

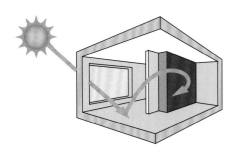

離陽光較遠的地板、牆壁和天花板

蓄熱材料	窗戶需要的蓄熱面積（平方呎）				
厚度（吋）	混凝土	磚塊	石膏板牆	橡木	松木
1"	27	32	57	32	39
2"	17	20	35	24	27
4"	14	17	—	24	30

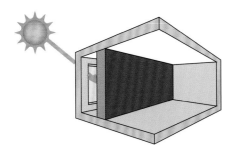

受陽光間接照射的蓄熱材料牆或水牆

材料及厚度（吋）	窗戶需要的蓄熱材料表面積（平方呎）
8 吋厚磚牆	1
12 吋厚磚牆	1
8 吋厚水牆	1

太陽能水池加熱器 SOLAR POOL HEATER

太陽能水池加熱器如何運作？

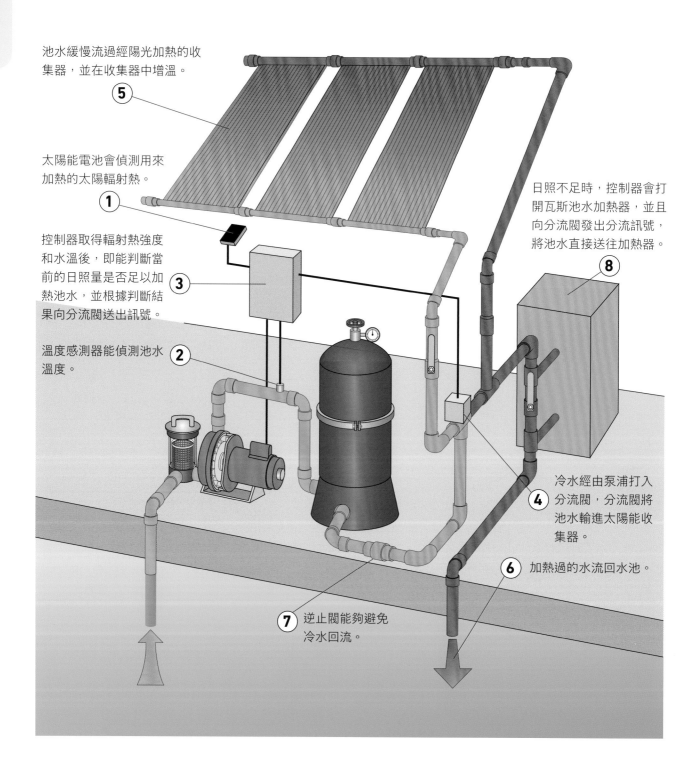

池水緩慢流過經陽光加熱的收集器，並在收集器中增溫。

5

太陽能電池會偵測用來加熱的太陽輻射熱。

1

控制器取得輻射熱強度和水溫後，即能判斷當前的日照量是否足以加熱池水，並根據判斷結果向分流閥送出訊號。

3

溫度感測器能偵測池水溫度。

2

日照不足時，控制器會打開瓦斯池水加熱器，並且向分流閥發出分流訊號，將池水直接送往加熱器。

8

冷水經由泵浦打入分流閥，分流閥將池水輸進太陽能收集器。

4

加熱過的水流回水池。

6

逆止閥能夠避免冷水回流。

7

太陽能熱水器 SOLAR WATER HEATER

太陽能熱水器如何運作？

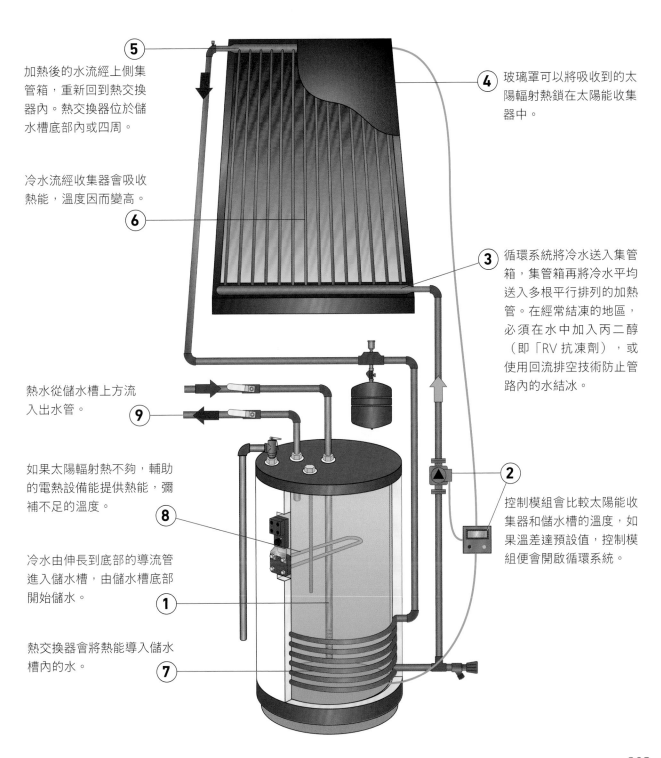

加熱後的水流經上側集管箱，重新回到熱交換器內。熱交換器位於儲水槽底部內或四周。

冷水流經收集器會吸收熱能，溫度因而變高。

熱水從儲水槽上方流入出水管。

如果太陽輻射熱不夠，輔助的電熱設備能提供熱能，彌補不足的溫度。

冷水由伸長到底部的導流管進入儲水槽，由儲水槽底部開始儲水。

熱交換器會將熱能導入儲水槽內的水。

玻璃罩可以將吸收到的太陽輻射熱鎖在太陽能收集器中。

循環系統將冷水送入集管箱，集管箱再將冷水平均送入多根平行排列的加熱管。在經常結凍的地區，必須在水中加入丙二醇（即「RV 抗凍劑」），或使用回流排空技術防止管路內的水結冰。

控制模組會比較太陽能收集器和儲水槽的溫度，如果溫差達預設值，控制模組便會開啟循環系統。

太陽能發電 PHOTOVOLTAIC (PV) POWER

太陽能發電如何運作？

下圖是典型的矽晶太陽能電池。上方的純矽層之中加入了小量的磷，導致電子數量較多，帶負電；而下方矽層加入了硼，導致電子數量不足，帶正電。基於正負電相吸原理，電子會由上層往下層流動，但上下矽層的邊界（P-N 接面）會擋住電子流。

當光子（太陽能的基本型態）穿過矽層時，自由電子便能獲得足夠能量去穿透 P-N 接面，此時上層鋁條和下層鋁板等導體會分配並收集自由電子。這時，只要能使上下鋁導體連成電路，譬如接上導線和燈泡，電子就能在電路中流動，形成電流。

製造矽層的方法有三種：

- 單晶矽太陽能電池：將圓柱狀的單矽晶切削成矽晶圓薄片。
- 多晶矽太陽能電池：將矽錠切削成正方形矽晶圓。
- 薄膜太陽能電池：利用沉積法或噴灑法，在金屬或是玻璃表面上生成矽薄膜。

一般的矽晶太陽能電池

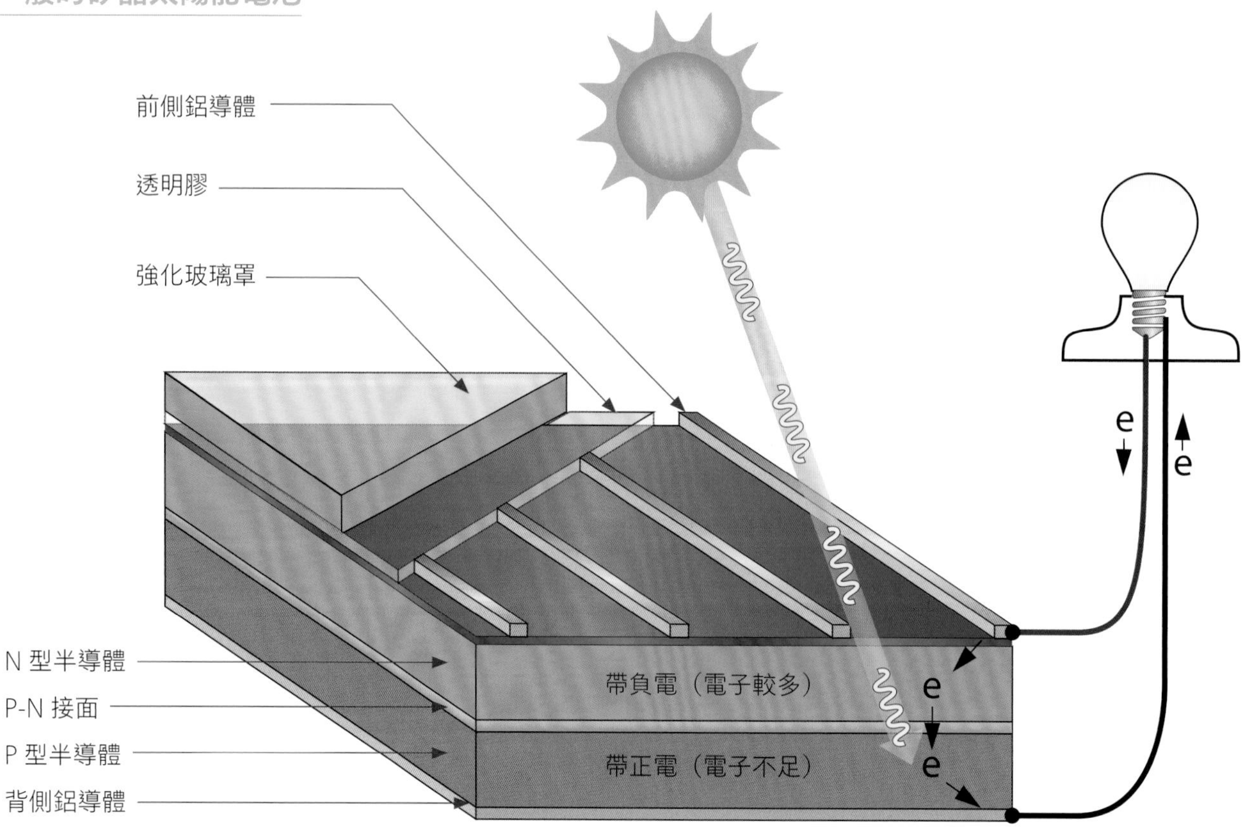

前側鋁導體

透明膠

強化玻璃罩

N 型半導體
P-N 接面
P 型半導體
背側鋁導體

帶負電（電子較多）

帶正電（電子不足）

太陽能收集器的方向

下圖描繪日出到日落的太陽路徑。一年當中，冬至（12月21日）的太陽路徑最長，夏至（6月21日）最短。

太陽位置可以用兩個角度來表示：

- 仰角：人抬頭仰望太陽，水平線和視線的夾角。
- 方位角：正北方與太陽方位的順時針方向夾角。

天空晴朗無雲、日光垂直照射太陽能板時，太陽能電池能產生最大發電量。理論上，想獲得最大發電率，就要將太陽能板裝在能四季追蹤太陽位置的電動載具上，才能在白天時不斷面向太陽。但這種追蹤載具的經濟效益一向不高，因此，一般還是會把太陽能板裝在固定式載具上，再依據當地日光條件調整傾角，盡可能衝高年發電量。

一般來說，要使年發電量達到最高的條件有：

- 太陽能板傾角與緯度相等。
- 方位角為正南方（180 度）。

下表顯示了偏離最佳傾角和方位角與發電量損失的關係。

太陽能板位於北緯 30 度時發電率

方位角	傾角					
	0°	15°	30°	45°	60°	90°
南（180°）	0.91	0.94	1.00	0.97	0.88	0.59
南南東、南南西	0.91	0.98	0.99	0.96	0.86	0.60
南東、南西	0.91	0.96	0.96	0.92	0.84	0.61
東南東、西南西	0.91	0.93	0.92	0.87	0.79	0.58
東、西	0.91	0.90	0.86	0.80	0.72	0.53

太陽路徑和太陽能板角度

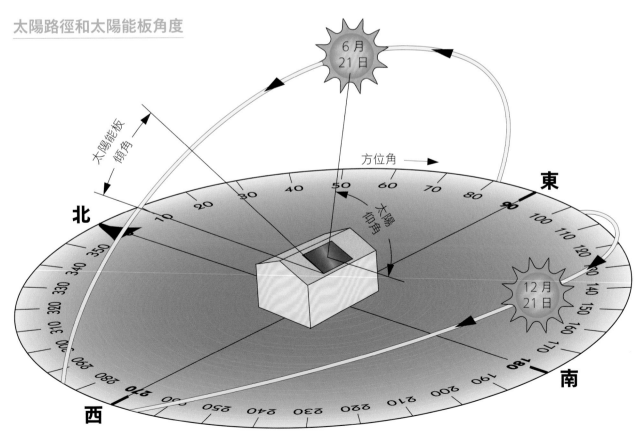

205

陰影遮蔽

根據上一頁的說明，我們知道當日光垂直照射太陽能板時，電池的發電量最大。然而，當太陽能板被陰影遮蔽，即使只有一點點，發電量也會大幅下降。在決定裝設太陽能板之前，請務必先估計太陽能板裝設後，有多少面積會被陰影遮蔽。

專業的太陽能板廠商，會用價值不斐的設備估計一整年的陰影遮蔽率，但你也可以自己利用太陽路徑圖（如下所示）大略估出遮蔽率。以下網站可製作出世界各地的太陽路徑圖，並提供下載：

http://solardat.uoregon.edu/SunChartProgram.html

根據廠商建議的太陽能板安裝位置，以板面中線為準，畫出正南方地平線上所有樹木和建築物的輪廓，再利用智慧型手機或平板電腦上的「經緯儀」（Theodolite）軟快速計算仰角和方位角。

下圖南方天空中的亮黃色區域，即上午 9 點至下午 3 點的範圍，是最好完全不受遮蔽的範圍，能提供的有效日照約為全天的 90%。一般而言，只要被遮蔽面積（綠色區域）超過整體 15%，廠商便不建議在該處裝設太陽能板。計算年發電率時，遮蔽率也是相當重要的參考指標。

正因如此，太陽能板通常都裝在屋頂上。

太陽路徑圖及陰影遮蔽位置

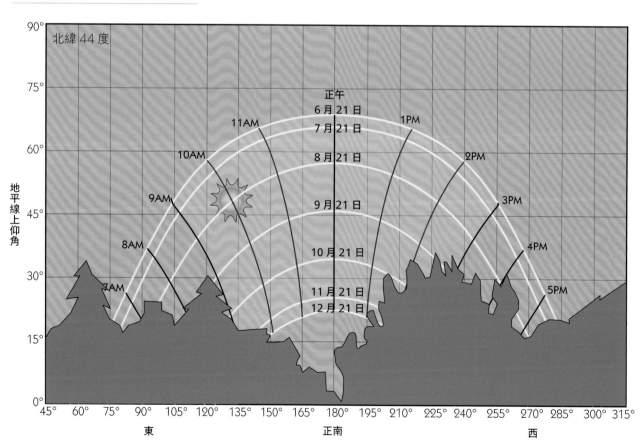

離網式太陽能發電系統如何運作？

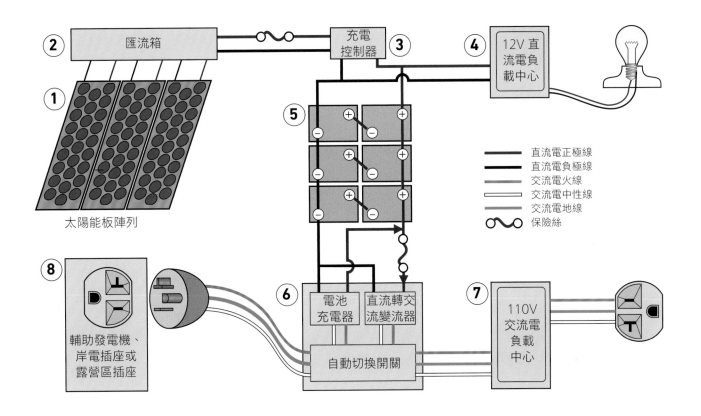

太陽能板陣列

直流電正極線
直流電負極線
交流電火線
交流電中性線
交流電地線
保險絲

① 太陽能板陣列

② 匯流箱

③ 充電控制器

④ 12V 直流電負載中心

⑤ 蓄電池組

⑥ 電池充電器　直流轉交流變流器　自動切換開關

⑦ 110V 交流電負載中心

⑧ 輔助發電機、岸電插座或露營區插座

下圖為離網式（不連接電力公司供電）太陽能發電系統，適合用於船舶、露營車或是離供電網路太遠的房屋。

① 不同的太陽能板有各自的額定直流電壓和額定功率。太陽能板能夠串聯成 12V、24V 或 48V 的直流電陣列，也可以並聯產出更大功率。

② 匯流箱將所有太陽能板的電流匯集成單一電流。

③ 充電控制器能夠限制充電電壓和電流，以避免電池過度充電。

④ 獨立式配電箱可以直接向 12V 直流電設備供電。

⑤ 蓄電池組由 6V 或 12V 的深循環鉛酸蓄電池組成。陰天日照不足時，鉛酸蓄電池的蓄電量（Ah，安培小時）也足以供電好幾天。

⑥ 離網式發電系統的核心是直流轉交流變流器、電池通電器和自動切換開關。在一般狀態下，變流

器會將蓄電池組提供的直流電轉換成 110V 的交流電。

⑦ 110V 交流電負載中心（配電箱）會將變流器供應的 110V 交流電分配給各個 110V 電路。

⑧ 如果將變流器／充電器的 AC 輸入插頭接在外部的 110V 交流電源上（如電力公司的電線、發電機、岸電插座或露營區供電插座），自動切換開關會將外部電源提供的交流電直接輸進 110V 交流電負載中心，同時經充電器對蓄電池組充電。

離網發電的所需功率

我們先假設陰影遮蔽率落在合理的範圍內（即少於15%），再教你計算自家需要的太陽能板總功率。

請先上網搜尋居家用電參考值和計算工具，估算自家一整年需要消耗的電量（kWh／年）。要時時記住「省一度等於賺一度」，能用瓦斯就不要用電（如暖氣、熱水器、火爐、烤箱、烘衣機），並將所有照明設備都改成 LED 燈。

接著，請在下圖中尋找你的居住地，再對照左下角的「太陽能板發電效率參數」表，將自家的預計用電量（kWh／年）除以居住地發電功率參數值，就能得出太陽能板陣列需要多大的總功率。*

假設你預估的用電量是每天 2.1 kWh 或每年 766 kWh，而且你住美國南卡羅來納州（該地平均發電功率參數為 1.5），則太陽能板陣列所需的總功率至少為 766 ÷ 1.5 = 510W

接著是蓄電池組的容量。一般來說，若要盡可能延長蓄電池組的使用壽命，鉛酸蓄電池每天的消耗量不能超過 25%，也就是說，電池容量至少要是每日用電量的 4 倍。

「安培小時」相當於「瓦小時 ÷ 伏特」；根據上式，電池的總額定電量至少為 4 x 2100Wh／12V = 700Ah

以下網址提供線上太陽能發電功率計算工具，可用來進行更詳細的分析：http://pvwatts.nrel.gov

---

* 編注：台灣緯度大約在美國右下半島最南方，可使用 1.43-1.69 的參數來參考。

美國太陽能發電功率參數（kWh／年／太陽能板額定功率）

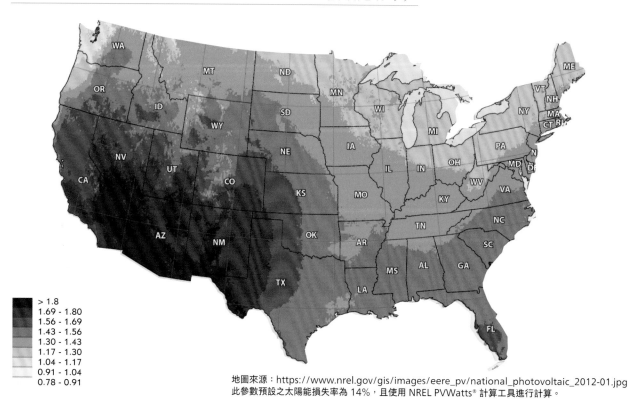

■	> 1.8
■	1.69 - 1.80
■	1.56 - 1.69
■	1.43 - 1.56
■	1.30 - 1.43
■	1.17 - 1.30
■	1.04 - 1.17
■	0.91 - 1.04
■	0.78 - 0.91

地圖來源：https://www.nrel.gov/gis/images/eere_pv/national_photovoltaic_2012-01.jpg
此參數預設之太陽能損失率為 14%，且使用 NREL PVWatts® 計算工具進行計算。

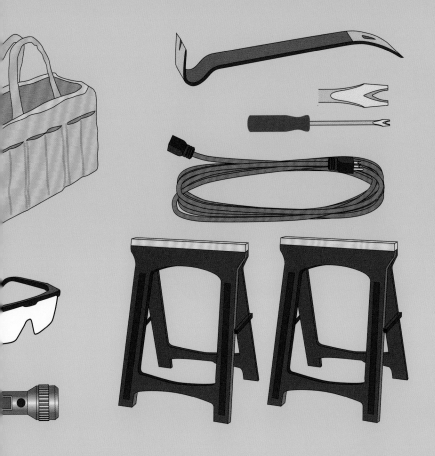

從我小時候開始，家裡一直擺著一盒生鏽的金屬工具箱，裡面裝著三合一機油、麻線團、木握柄斑剝的拔釘鎚、生鏽的手鋸、兩把一字螺絲起子（大小跟麥片盒附的贈品差不多），外加一把疑似用來敲鑿磚塊的木鑿子。

我漸漸覺得，我家好像跟一般家庭沒什麼兩樣。

當然，我家還是有專業工匠的一面，也就是家裡必備空調、照明良好的工具間，裡頭擺了一張以上的工作檯，檯子上裝了好幾排插座，工作室裡還有桌上型圓鋸機、斜切鋸、帶鋸、鑽床、帶式砂磨機、木工鉋床、木工雕刻機等工具，洞洞壁板上掛著五金行買得到的各種工具，更不用說旁邊還有一百多個裝著各式大小螺帽、螺栓、墊圈、螺絲的嬰兒食品罐。

讀到這裡，你應該會發現你家的工具間不是最專業，但有它厲害的地方。理論上，每一種修繕工作都有最適合的工具，不過很多工具的用途不只一種。你如果不是工具商，就只需要用自己順手的工具，沒必要湊齊頂級工具組。

接下來，我會針對一般住家的狀況，介紹一組能應付 95% 修繕需求的工具箱。我發現，如果去 Harborfreight Tools 或上亞馬遜採購這些工具，只需要花不到 500 美元就能買齊全，實在太驚人了。

夾具及轉緊工具 GRIPPING & TIGHTENING

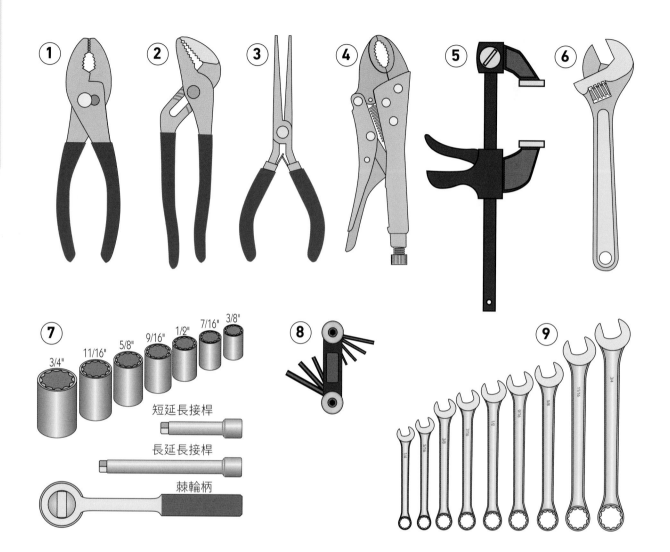

① **鯉魚鉗**有兩組開口設計，有平整和彎曲的接觸面，可分別夾緊平面與曲面物體。

② **水管鉗**有四段以上的開口（溝槽）設計，可以夾緊各種尺寸的水管。

③ **尖嘴鉗**有一組細長的尖嘴，能用來夾取狹窄空間中的物體。

④ **萬能鉗**能用力夾緊物體，因此可以當作虎鉗使用，或用來拔除崩牙的螺絲。

⑤ **快速夾鉗**能以單手操作，使用者可一手扶住物體，一手按住夾鉗夾緊物體。

⑥ **活動扳手**的其中一個夾嘴可活動調整，用來夾緊六角形或方形螺栓或螺帽。

⑦ **套筒組**包含一根棘輪柄、各種尺寸的螺帽及螺栓套筒，以及一條或多條延長接桿。

⑧ **內六角扳手**能用來轉緊內六角螺絲及螺栓。SAE 美制規格及公制規格的摺疊型內六角扳手要一併備齊。

⑨ **扳手組合**一端為閉口，另一端有缺口，能用來轉緊六角形或方形螺帽及螺栓。

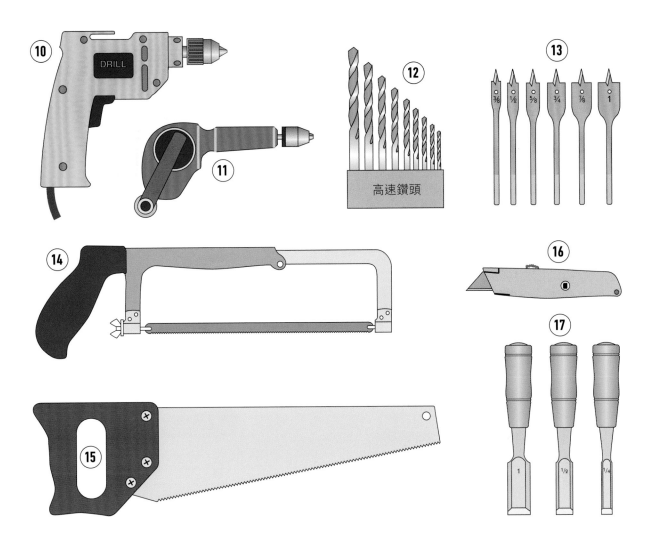

⑩ 三分（³/₈ 吋）**有線電鑽**可用來鑽洞、轉螺絲、攪拌油漆。除非你很常用到電鑽，否則不要買無線電鑽，因為無線電鑽要裝兩顆昂貴的電池，而且電池壽命最多只有三年。

⑪ 手搖鑽能在軟木、塑膠和石膏板牆上鑽洞。

⑫ 螺旋鑽頭可在磚頭、石頭、玻璃以外的任何材質上鑽洞。請備妥直徑最大為 0.95 公分（³/₈ 吋）的鑽頭組。

⑬ 扁平鑽頭能在軟木上鑽出大孔洞，鑽頭直徑從 ¹/₄-1¹/₂ 吋（0.64-3.81 公分）都有。

⑭ 弓鋸能用來鋸金屬。每 1 吋（2.54 公分）含 14-32 顆鋸齒。鋸齒越薄，每單位長度的鋸齒就越多（以 TPI 值計算）。

⑮ 手鋸能用來鋸木頭。橫切鋸的切割角度和木紋垂直，縱切鋸則沿木紋方向鋸。一般來說，橫切鋸比較實用。

⑯ 撇開廚房刀具不論，**美工刀**是最實用的刀具了，替換刀片便利實惠，不必磨就能常保鋒利。可以買個 100 入的替換刀刃盒。

⑰ 木工鑿刀能在木頭上鑿出較深的洞，方便安裝門鉸鏈和手工雕刻告示牌。請先拿廢木練習，如果不想用鑿刀，就只能改用昂貴的電動木工雕刻機了。

固定及打磨工具 FASTENING & SMOOTHING

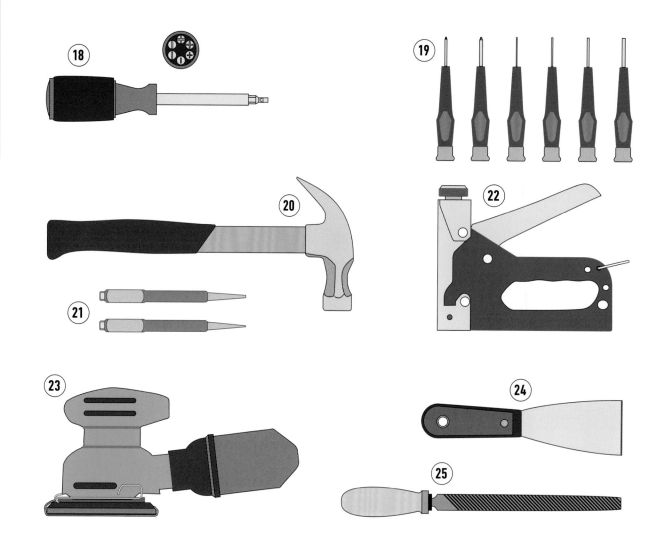

⑱ **多頭螺絲起子**設有直徑 ¼ 吋（0.64 公分）的內六角頭，只要準備一把這種起子，就不必在抽屜裡擺各種單頭螺絲起子。記得添購兩種尺寸的一字和十字頭，也可再加買方形或星形頭。

⑲ **精密螺絲起子**能用來轉動眼鏡或小型電子設備上的細小螺絲。

⑳ **拔釘鎚**能用來調整、拔除釘子，也有捶打功能。

㉑ **壓釘桿**能將釘頭壓進物體表面，且不造成物體損壞。請至少添購兩種尺寸的壓釘桿。

㉒ **T50 釘槍**能將長度 ¼-⁹⁄₁₆ 吋（0.64-1.43 公分）的 T50 釘針釘入任何偏軟材料，譬如木頭。

㉓ **圓軌道拋光機**能使用多種號數的可替換砂紙，將物體表面磨平或去除碎屑。

㉔ **刮刀**能用來補充並抹平釉料、填泥料、石膏補土等材料。刀刃寬度從 1-6 吋（2.54-15.24 公分）都有，建議先添購 2 吋（5.08 公分）的刮刀。

㉕ **平銼刀**能用來磨平金屬表面或削尖工具，而且只需要手持操作。如果需要大量削尖工具，可以考慮使用裝有粗砂輪和細砂輪的電動研磨機。

測量及電工工具 MEASURING & ELECTRICAL

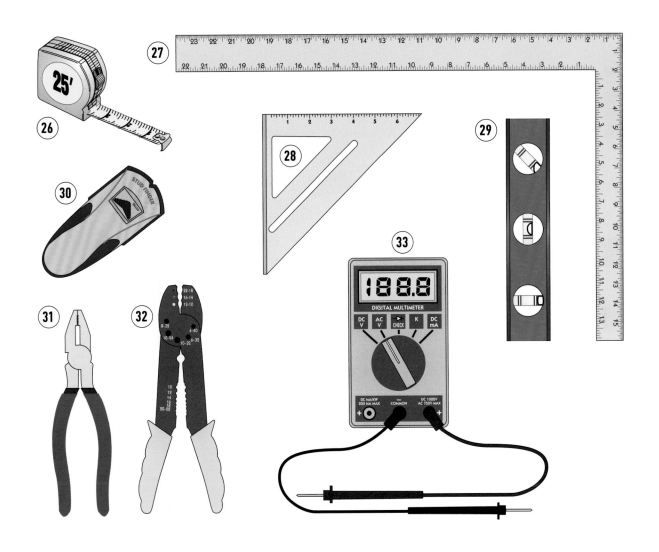

㉖ **捲尺**（魯班尺）能測量長度、寬度、高度，最小能量到 0.1 公分。一般修繕請準備 5 公尺長的捲尺；做木工則準備 7.5 公尺長的捲尺。

㉗ **木工角尺**能用來測量並繪製直角，也可以當作裁切時的直線導板。木匠會使用木工角尺在木板上繪製椽架和樓梯裁切線。

㉘ **三角板**能用來在木頭上繪製裁切線，包括垂直線及其他種類的裁切線。

㉙ **水平尺**能用來測量水平和垂直角度。一般來說，準備 20 公分的水平尺就夠了，也不會有放不進工具箱的問題。

㉚ **牆體探測儀**能探測隱身於牆後的結構組件，如壁骨和梁柱，可以幫助判斷牆面適不適合懸掛重物。

㉛ **電工鉗**能用來裁剪電導線，也可以用來夾緊、拉扯、彎折物體。

㉜ **剝線／壓著鉗**既便宜、功能又多，可以用來剝除各尺寸導線上的絕緣外皮，以及壓接電線上的端子。

㉝ **數位三用電表**能用來測量交流及直流電壓值、直流電電流值（上限 10A）及電阻值，以便檢測電路哪裡出了問題。

其他工具 MISCELLENOUS TOOLS

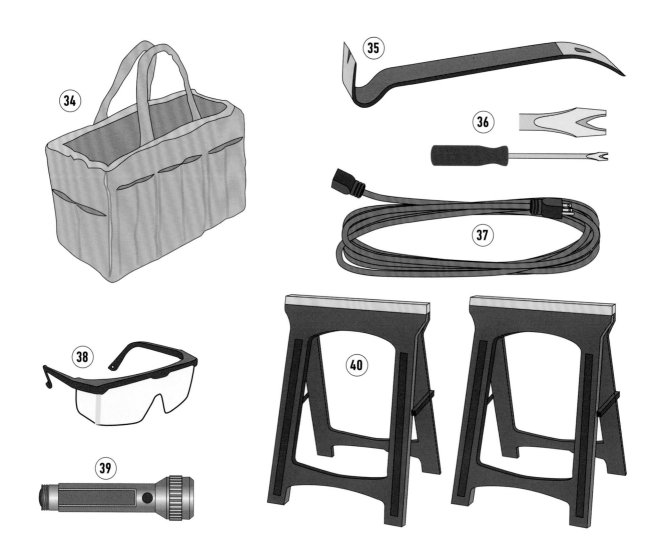

㉞ 帆布工具袋比金屬工具箱更好用，因為帆布袋不會生鏽，也不會刮傷地板或家具。帆布袋只要尺寸夠大、有口袋設計，就能用來盛裝幾乎全部的基本居家修繕工具了。記得在後車廂裡擺個帆布工具袋，以備不時之需。

㉟ 撬棒能用來拆卸零件、拔釘、抬重物，是修繕工作的好幫手。

㊱ 疏縫移除器有分叉的斜切端頭，很像一支小型撬棒，除了能用來拔除大頭針、無頭釘、釘針，還能用來拆卸零件。

㊲ 延長線能從最近的插座拉線並接電。準備一條 25 呎、規號 14（電流上限 15A）三插腳的延長線，應該夠應付所有居家修繕工作之用。

㊳ 護目鏡可以保護眼睛，防止敲打、切鋸或磨平物體時碎屑彈進眼睛。

㊴ LED 手電筒。如果太黑，根本無法動手做事，這時候，你需要一把口袋型 LED 手電筒。

㊵ 摺疊桌架輕巧好收納，只要裝上 2×4 s 木條和一片積層板，就能組出一張好用的工作桌。

一看就懂家屋的運作和維護

HOW YOUR HOUSE WORKS:
A Visual Guide to Understanding and Maintaining
Your Home(Third Edition)

作者	查理・溫（Charlie Wing）
審訂	王士芳、黃健榮
譯者	柯宗佑
封面設計	林宜賢
內頁編排	劉孟宗
編輯協力	郭娉琿
責任編輯	郭純靜
行銷企畫	陳詩韻
總編輯	賴淑玲
社長	郭重興
發行人兼出版總監	曾大福
出版者	大家
發行	遠足文化事業股份有限公司
	231 新北市新店區民權路108-4號8樓
	電話(02)2218-1417
	傳真(02)8667-1851
劃撥帳號	19504465
戶名	遠足文化事業有限公司
法律顧問	華洋法律事務所—蘇文生律師
定 價	500元
初版 1 刷	2019年9月
初版 2 刷	2020年8月

本書僅代表作者言論，不代表本公司／出版集團之立場。

國家圖書館出版品預行編目 (CIP) 資料

一看就懂家屋的運作和維護 / 查理・溫 (Charlie Wing) 著
柯宗佑譯・初版・新北市・大家出版・遠足文化發行・2019.09
224 面 ・21.2×27.6 公分
譯自 : How your house works : a visual guide to understanding
and maintaining your home, 3rd ed.
ISBN 978-957-9542-80-7(平裝)

1. 房屋 2. 建築物維修

422.9   108014136